我
思

敢于运用你的理智

太 古 丛 书

古老中国的现代转型

# 国民自新之路

## 新民说

梁启超 著

长江出版传媒 崇文书局

## 图书在版编目（CIP）数据

国民自新之路：新民说 / 梁启超著；梅愚校点 .
— 武汉：崇文书局，2019.9
（太古丛书）
ISBN 978-7-5403-5259-2

Ⅰ. ① 国…
Ⅱ. ① 梁… ② 梅…
Ⅲ. ① 国民－社会公德
Ⅳ. ① B822.1

中国版本图书馆 CIP 数据核字（2018）第 238486 号

我思

敢于运用你的理智

## 国民自新之路：新民说

出　　品　崇文书局人文学术出版中心
策 划 人　梅文辉（mwh902@163.com）
责任编辑　梅文辉
出版发行　长江出版传媒 | 崇文書局
地　　址　武汉市雄楚大街 268 号 C 座 11 层
电　　话　(027)87680797　邮政编码　430070
印　　刷　武汉中科兴业印务有限公司
开　　本　880mm×1230mm　1/32
印　　张　6.75
字　　数　139 千字
版　　次　2019 年 9 月第 1 版
印　　次　2019 年 9 月第 1 次印刷
定　　价　32.00 元

（读者服务电话：027－87679738）

# 目　录

# 总论

## 第一节　叙论

自世界初有人类以迄今日，国于环球上者，何啻千万？问其岿然今存，能在五大洲地图占一颜色者，几何乎？曰：百十而已矣。此百十国中，其能屹然强立，有左右世界之力，将来可以战胜于天演界者，几何乎？曰：四五而已矣。夫同是日月，同是山川，同是方趾，同是圆颅，而若者以兴，若者以亡，若者以弱，若者以强；则何以故？或曰：是在地利。然今之亚美利加，犹古阿美利加，而盎格鲁撒逊英国人种之名也。民族何以享其荣？古之罗马，犹今之罗马，而拉丁民族何以坠其誉？或曰：是在英雄。然非无亚历山大，而何以马基顿今已成灰尘？非无成吉思汗，而何以蒙古几不保残喘？呜呼噫嘻！吾知其由。国也者，积民而成。国之有民，犹身之有四肢五脏筋脉血轮也。未有四肢已断，五脏已瘵，筋脉已伤，血轮已涸，而身犹能存者。则亦未有其民愚陋怯弱涣散混浊，而国犹能立者。故欲其身之长生久视，则摄生之术不可不明；欲其国之安富尊荣，则新民之道不可不讲。

## 第二节　论新民为今日中国第一急务

吾今欲极言新民为当务之急，其立论之根柢有二：一曰关于内治者，一曰关于外交者。

所谓关于内治者何也？天下之论政术者多矣，动曰某甲误国，某乙殃民；某之事件，政府之失机；某之制度，官吏之溺职。若是者，吾固不敢谓为非然也。虽然，政府何自成？官吏何自出？斯岂非来自民间者耶？某甲某乙者，非国民之一体耶？久矣夫聚群盲不能成一离娄，聚群聋不能成一师旷，聚群怯不能成一乌获。以若是之民，得若是之政府官吏，正所谓种瓜得瓜，种豆得豆。其又奚尤？西哲常言：政府之与人民，犹寒暑表之与空气也。室中之气候，与针里之水银，其度必相均，而丝毫不容假借。国民之文明程度低者，虽得明主贤相以代治之，及其人亡，则其政息焉。譬犹严冬之际，置表于沸水中，虽其度骤升，水一冷而坠如故矣。国民之文明程度高者，虽偶有暴君污吏，虔刘一时，而其民力自能补救之而整顿之。譬犹溽暑之时，置表于冰块上，虽其度忽落，不俄顷则冰消而涨如故矣。然则苟有新民，何患无新制度，无新政府，无新国家？非尔者，则虽今日变一法，明日易一人，东涂西抹，学步效颦，吾未见其能济也。夫吾国言新法数十年而效不睹者何也？则于新民之道，未有留意焉者也。

今草野忧国之士，往往独居深念，叹息想望曰："安得贤君相，庶拯我乎？"吾未知其所谓贤君相者，必如何而始为及格。虽然，若以今日之民德、民智、民力，吾知虽有贤君相，而亦无以善其后也。夫拿破仑旷世之名将也，苟授以旗绿之惰兵，则不能敌黑蛮；哥仑布航海之大家也，苟乘以朽木之胶船，则不能渡溪沚。彼君相者，非能独治也，势不得不任疆臣，疆臣不得不任监司，监司不得不任府县，府县不得不任吏胥。此诸级中人，但使其贤者半，不肖者半，犹不足以致治，而况乎其百不得一也？今为此论者，固知泰西政治之美，而欲吾国之效之矣。但推其意，得毋以若彼之政治，皆由其君若相独力所制造耶？试与一游英、美、德、法之都，观其人民之自治何如，其人民与政府之关系何如。观之一省，其治法俨然一国也。观之一市、一村落，其治法俨然一国也。观之一党会、一公司、一学校，其治法俨然一国也。乃至观之一人，其自治之法，亦俨然治一国也。譬诸盐有咸性，积盐如陵，其咸愈浓。然剖分此如陵之盐为若干石，石为若干斗，斗为若干升，升为若干颗，颗为若干阿屯，无一不咸，然后大咸乃成。抟沙捼粉，而欲以求咸，虽隆之高于泰岱，犹无当也。故英美各国之民常不待贤君相而足以致治。其元首，则尧舜之垂裳可也，成王之委裘亦可也；其官吏，则曹参之醇酒可也，成瑨之坐啸亦可也。何也？以其有民也。故君相常倚赖国民，国民不倚赖君相。小国且然，况吾中国幅员之广，尤非一二人之长鞭所能及者耶？

则试以一家譬一国。苟一家之中，子妇弟兄，各有本业，各有技能，忠信笃敬，勤劳进取，家未有不浡然兴者。不然者，各委弃其责任，而一望诸家长，家长而不贤，固阖室为饿殍；藉令贤也，而能荫庇我者几何？即能荫庇矣，而为人子弟，累其父兄，使终岁勤动，日夕忧劳，微特于心不安，其毋乃终为家之累耶！今之动辄责政府望贤君相者，抑何不恕？抑何不智？英人有常言曰：That's your mistake. I couldn't help you. 译意言：君误矣！吾不能助君也。此虽利己主义之鄙言，而实鞭策人自治自助之警句也。故吾虽日望有贤君相。吾尤恐即有贤君相，亦爱我而莫能助也。何也？责望于贤君相者深，则自责望者必浅，而此责人不责己，望人不望己之恶习，即中国所以不能维新之大原。我责人人亦责我，我望人人亦望我，是四万万人，遂互消于相责相望之中，而国将谁与立也？新民云者，非新者一人，而新之者又一人也，则在吾民之各自新而已。孟子曰："子力行之，亦以新子之国。"自新之谓也，新民之谓也。

所谓关于外交者何也？自十六世纪以来，约三百年前。欧洲所以发达，世界所以进步，皆由民族主义（Nationalism）所磅礴冲激而成。民族主义者何？各地同种族，同言语，同宗教，同习俗之人，相视如同胞，务独立自治，组织完备之政府，以谋公益而御他族是也。此主义发达既极，驯至十九世纪之末，近二三十年。乃更进而为民族帝国主义（National Imperialism），民族帝国主义者何？其国民之实力，充于内而不得不溢于外，于是汲汲焉求扩张权力于他地，以为我尾闾。其下手也，或以兵力，或以商务，或以工业，或以教会；而一用政策以指挥调护之是也。近者如俄国之经略西伯利亚、土耳其；德国之经略小亚细亚、阿非利加；英国之用兵于波亚；美国之县夏威、掠古巴、攘菲律宾，皆此新主义之潮流，迫之不得不然也。而今也于东方大陆，有最大之国，最腴之壤，最腐败之政府，最散弱之国民。彼族一旦窥破内情，于是移其所谓民族帝国主义者，如群蚁之附膻，如万矢之向的，离然而集注于此一隅。彼俄人之于满洲，德人之于山东，英人之于扬子江流域，法人之于两广，日人之于福建，亦皆此新主义之潮流，迫之不得不然也。

夫所谓民族帝国主义者，与古代之帝国主义迥异。昔者有若亚历山大，有若查理曼，有若成吉思汗，有若拿破仑，皆尝抱雄图，务远略，欲蹂躏大地，吞并弱国。虽然，彼则由于一人之雄心，此则由于民族之涨力；彼则为权威之所役，此则为时势之所趋。故彼之侵略，不过一时，所谓暴风疾雨，不崇朝而息矣。此之进取，则在久远，日扩而日大，日入而日深。吾中国不幸而适当此盘涡之中心点，其将何以待之？曰：彼为一二人之功名心而来者，吾可以恃一二之英雄以相敌。彼以民族不得已之势而来者，非合吾民族全体之能力，必无从抵制也。彼以一时之气焰骤进者，吾可以鼓一时之血勇以相防。彼以久远之政策渐进者，非立百年宏毅之远猷，必无从幸存也。不见乎瓶水乎？水仅半器，他水即从而入之。若内力能自充塞本器，而无一隙之可乘，他水未有能入者也。故今日欲抵挡列强之民族帝国主义，以挽浩劫而拯生灵，惟有我行我民族主义之一策；而欲实行民族主义于中国，舍新民末由。

今天下莫不忧外患矣，虽然，使外而果能为患，则必非一忧之所能了也。夫以民族帝国主义之顽强突进如彼其剧，而吾犹商榷于外之果能为患与否？何其愚也？吾以为患之有无，不在外而在内。夫各国固同用此主义也，而俄何以不施诸英？英何以不施诸德？德何以不施诸美？欧美诸国何以不施诸日本？亦曰：有隙与无隙之分而已。人之患瘵者，风寒、暑湿、燥火，无一不足以侵之。若血气强盛，肤革充盈者，冒风雪，犯暴暵，冲瘴疠，凌波涛，何有焉？不自摄生，而怨风雪、暴暵、波涛、瘴疠之无情，非直彼不任受，而我亦岂以善怨而获免耶？然则为中国今日计，必非恃一时之贤君相而可以弭乱，亦非望草野一二英雄崛起而可以图成。必其使吾四万万人之民德、民智、民力，皆可与彼相埒，则外自不能为患！吾何为而患之？此其功虽非旦夕可就乎，然孟子有言：“七年之病，求三年之艾。苟为不蓄，终身不得。”今日舍此一事，别无善图，宁复可蹉跎蹉跎，更阅数年，将有欲求如今日而不可复得者。呜呼！我国民可不悚耶！可不勖耶！

# 第三节　释新民之义

新民云者，非欲吾民尽弃其旧以从人也。新之义有二：一曰，淬厉其所本有而新之，二曰，采补其所本无而新之。二者缺一，时乃无功。先哲之立教也，不外因材而笃与变化气质之两途。斯即吾淬厉所固有采补所本无之说也。一人如是，众民亦然。

凡一国之能立于世界，必有其国民独具之特质。上自道德、法律，下至风俗、习惯、文学、美术，皆有一种独立之精神。祖父传之，子孙继之，然后群乃结，国乃成；斯实民族主义之根柢源泉也。我同胞能数千年立国于亚洲大陆，必其所具特质，有宏大高尚完美，厘然异于群族者。吾人所当保存之而勿失坠也。虽然，保之云者，非任其自生自长，而漫曰“我保之，我保之”云尔！譬诸木然，非岁岁有新芽之茁，则其枯可立待。譬诸井然，非息息有新泉之涌，则其涸不移时。夫新芽新泉，岂自外来者耶？旧也而不得不谓之新。惟其日新，正所以全其旧也。濯之拭之，发其光晶；锻之炼之，成其体段；培之浚之，厚其本原，继长增高，日征月迈。国民之精神，于是乎保存，于是乎发达。世或以守旧二字，为一极可厌之名词。其然岂其然哉？吾所患不在守旧，而患无真能守旧者。真能守旧者何？即吾所谓淬厉其固有而已。

仅淬厉固有而遂足乎？曰：不然！今之世非昔之世，今之人非昔之人。昔者吾中国有部民而无国民，非不能为国民也，势使然也。吾国夙巍然屹立于大东，环列皆小蛮夷。与他方大国，未一交通，故我民常视其国为天下。耳目所接触，脑筋所濡染，圣哲所训示，祖宗所遗传，皆使之有可以为一个人之资格，有可以为一家人之资格，有可以为一乡一族人之资格，有可以为天下人之资格；而独无可以为一国国民之资格。夫国民之资格，虽未必有以远优于此数者，而以今日列国并立，弱肉强食，优胜劣败之时代，苟缺此资格，则决无以自立于天壤。故今日不欲强吾国则已，欲强吾国，则不可不博考各国民族所以自立之道，汇择其长者而取之，以补我之所未及。今论者于政治、学术、技艺，皆莫不知取人长以补我短矣；而不知民德、民智、民力，实为政治、学术、技艺之大原。不取于此而取于彼，弃其本而摹其末，是何异见他树之蓊郁，而欲移其枝以接我槁干？见他井之汩涌，而欲汲其流以实我眢源也？故采补所本无以新我民之道，不可不深长思也。

世界上万事之现象，不外两大主义：一曰保守，二曰进取。人之运用此两主义者，或偏取甲，或偏取乙；或两者并起而相冲突，或两者并存而相调和。偏取其一，未有能立者也。有冲突则必有调和，冲突者，调和之先驱也。善调和者，斯为伟大国民；盎格鲁撒逊人种是也。譬之跬步，以一足立，以一足行。譬之拾物，以一手握，以一手取。故吾所谓新民者，必非如心醉西风者流，蔑弃吾数千年之道德、学术、风俗，以求伍于他人。亦非如墨守故纸者流，谓仅抱此数千年之道德、学术、风俗，遂足以立于大地也。

# 第四节　就优胜劣败之理，以证新民之结果而论及取法之所宜

在民族主义立国之今日，民弱者国弱，民强者国强，殆如影之随形，响之应声，有丝毫不容假借者。今请将地球民族之大势，列为一表，而论其所以迭代消长之由。

**地球民族**

民族
- （一）黑色民族
- （二）红色民族
- （三）棕色民族
- （四）黄色民族
- （五）白色民族
    - （甲）拉丁民族（Latin）法葡班诸国
    - （乙）斯拉夫民族（Slavonians）俄奥诸国
    - （丙）条顿民族（Teutons）英德荷诸国
        - （子）日耳曼民族德国
        - （丑）盎格鲁撒逊民族（Anglo Saxon）英美两国

凡地球民族之大别五，闻其最有势力于今世者谁乎？白色种

人是也。白色民族之重要者三：白种不止此三派，条顿亦不止彼二派，此不过举其要者耳。此文非考据种族，不必鳃鳃也。其最有势力于今世者谁乎？条顿人是也。条顿民族之重要者二，其最有势力于今世者谁乎？盎格鲁撒逊人是也。当其始沟分而居，不相杂厕也，则无论若何之民族，皆可以休养生息于其部分之内。然天演物竞之公例，既驱人类使不得不接触，不交通，不争竞；一旦接触交通争竞，而一起一仆之数乃立见。不观于斗蟀者乎？百蟀各处一笼，各自雄也。并而一之，一日而死十六七，两日而死十八九，三日而所余者仅一二焉矣。所余之一二，必其最强者也，然则稍不强者殆而已矣！黑红棕之人与白人相遇，如汤沃雪，瞬即消灭，夫人而知矣。今黄人与之遇，又着着失败矣！若夫观白人之自竞也，彼斯拉夫民族，常为阿士曼黎之专制政府，与卢马纳及哈菩士卜之条顿人王家所轭缚。至今罕能自伸。拉丁民族，虽当中世时代，曾臻全盛，及其与条顿人相遇，遂不可支。自罗马解纽以来，今日欧洲之建国，无一不自条顿人之手而成。如皮士噶人之于西班牙；士埃威人之于葡萄牙；郎拔人之于意大利；佛兰克人之于法兰西、比利时；盎格鲁撒逊人之于英吉利；士康的拿比亚人之于丹麦、瑞典、那威；日耳曼人之于德意志、荷兰、瑞士、奥大利。凡此皆现代各国之主动力也，而一皆自条顿人发之成之。是条顿人不啻全世界动力之主人翁也。而条顿人之中，又以盎格鲁撒逊人为主中之主，强中之强。今日地球陆地四分之一以上，被其占领；人类四分之一以上，受其统制。而势力范围之布于五洲各地者，且日进而未有已焉。今试就百年来各国用语之人数变迁，列为一表，而知盎格鲁民族之进步，有令人惊绝者！

用语比数表

| 1801年用各国语人数、百分比数 | | | 1890年用各国语人数、百分比数 | | |
|---|---|---|---|---|---|
| 法语 | 31450千 | 19.4% | 英语 | 111100千 | 27.7% |
| 俄语 | 30770千 | 19% | 德语 | 75200千 | 18.8% |
| 德语 | 30320千 | 18.7% | 俄语 | 75090千 | 18.7% |
| 西班语 | 26190千 | 16.2% | 法语 | 51200千 | 12.7% |
| 英语 | 20520千 | 12.7% | 西班语 | 42800千 | 10.7% |
| 意语 | 15070千 | 9.3% | 意语 | 33000千 | 8.3% |
| 葡语 | 7480千 | 4.7 | 葡语 | 13000千 | 3.2% |

由两表比较之，则此九十年间，英语之位置，由第五跃至第一，由二千零五十二万，跃至一万一千一百万。由百分之十二有奇，跃至百分之二十七有奇，骎骎然遂有吞全球括四海之势。盎格鲁撒逊人之气焰，谁能御之？由此观之，则今日世界上最优胜之民族可以知矣。五色人相比较，白人最优；以白人相比较，条顿人最优。以条顿人相比较，盎格鲁撒逊人最优。此非吾趋势利之言也。天演界无可逃避之公例，实如是也。使日耳曼人能自新以优胜于盎格鲁撒逊，则他日能代之以兴，亦未可知。使斯拉夫人、拉丁人能自新以优胜于条顿人，使黄人能自新以优胜于白人，则其他日之结果亦然。要之现在之地位，则其优劣之数，实如上所云云矣。然则吾所谓博考民族所以自立之道，汇择其长而取之以补我所未及者。援取法乎上之例，不可不求诸白人，不可不求诸白人中之条顿人，不可不求诸条顿人中之盎格鲁撒逊人。

白人之优于他种人者何也？他种人好静，白种人好动。他种人狃于和平，白种人不辞竞争。他种人保守，白种人进取。以故他种人只能发生文明，白种人则能传播文明。发生文明者，恃天然也；传播文明者，恃人事也。试观泰西文明动力之中心点，由安息、埃及而希腊，由希腊而罗马，由罗马而大西洋沿岸诸国，而遍于大陆，而飞渡磅礴于亚美利加，今则回顾而报本于东方焉！其机未尝一日停。其勇猛果敢活泼宏伟之气，比诸印度人何如？比诸中国人何如？其他小国，更不必论矣。然则白种人所以雄飞于全球者，非天幸也，其民族之优胜使然也。

条顿人之优于他白人者何也？条顿人政治能力甚强，非他族所能及也。如彼希腊人及斯拉夫人，虽能立地方自治之制，而不能扩充之。其能力全集注于此最小之公共团体，而位于此团体之上者，有国家之机关；位于此团体之下者，有个人之权利，皆非彼等所能及也。以故其所生之结果，有三缺点：人民之权利不完，一也；团体与团体之间不相联属，二也；无防御外敌之力，三也。故希腊人一轭于罗马，再轭于土耳其，三轭于条顿人，数千年不见天日。而斯拉夫人今犹呻吟于专制恣暴政体之下，而未有已也。至如迦特民族，罗马一统前之部儿人，及今之爱尔兰人与苏格兰之高地人，皆属于此族。虽其勇敢之气，冠绝一时，而政治思想更薄弱。故惟知崇拜一二膂力之英雄，而国民不能独立团结。虽能建无数之小军国，而无统一之之道。能创大宗教，而不能成大国家。至于拉丁人，则远优于彼等矣。能建伟大之罗马帝国，统一欧陆；能制完备之罗马民法，垂型千年。虽然，其思想太大而不能实施。动欲统制宇内，而地方自治之制被破坏焉，个人权利被蹂躏焉。务张国力而不养人格，故及罗马之末叶，而拉丁之腐败卑劣闻天下。虽及今日，而其沿袭之旧质，犹不能除。好虚荣，少沉实。时则倾于保守，抱陈腐而不肯稍变；时则驰于急激，变之不以次第。若法兰西人，其代表也。百年之内，变政体者六，易宪法者十四，至今名为民主，而地方自治与个人权利，毫不能扩充。此拉丁人所以日蹙于天演之剧场也。若夫条顿人，则其始在日耳曼森林中为一种蛮族时，其个人强立自由之气概，传诸子孙而不失。而又经罗马文化之薰习锻炼，两者和合，遂能成一特性之民族。而组织民族的国家（National State），创代议制度，使人民皆得参预政权，集人民之意以为公意，合人民之权以为国权。又能定团体与个人之权限，定中央政府与地方自治之权限，各不相侵。民族全体，得应于时变，以滋长发达；故条顿人今遂优于天下。非天幸也，其民族之优胜使然也。

盎格鲁撒逊人之尤优于他条顿人者何也？其独立自助之风最盛。自其幼年在家庭，在学校，父母师长，皆不以附庸待之。使其练习世务，稍长而可以自立，不倚赖他人。其守纪律循秩序之念最厚，其常识（Common Sense）最富，常不肯为无谋之躁妄举动。其权利之思想最强，视权利为第二之生命，丝毫不肯放过。其体力最壮，能冒万险。其性质最坚忍，百折不回。其人以实业为主，不尚虚荣。人皆务有职业，不问高下。而坐食之官吏政客，常不为世所重。其保守之性质亦最多，而常能因时势，鉴外群，以发挥光大其固有之本性。以此之故，故能以区区北极三孤岛，而孳殖其种于北亚美利加、澳大利亚两大陆。扬其国旗于日所出入处，巩其权力于五洲四海冲要咽喉之地，而天下莫之能敌也。盎格鲁撒逊人所以定霸于十九世纪，非天幸也，其民族之优胜使然也。

然则吾之所当取法者可知已。观彼族之所以衰所以弱，此族之所以兴所以强，而一自省焉。吾国民之性质，其与彼召衰召弱者异同若何？与此致兴致强者异同若何？其大体之缺陷在何处？其细故之薄弱在何处？一一勘之，一一鉴之，一一改之，一一补之；于是乎新国民可以成。今请举吾国民所当自新之大纲小目，条分缕析，于次节详论之。

# 分论

## 第五节　论公德

我国民所最缺者，公德其一端也。公德者何？人群之所以为群，国家之所以为国，赖此德焉以成立者也。人也者，善群之动物也。此西儒亚里士多德之言。人而不群，禽兽奚择？而非徒空言高论曰："群之！群之！"而遂能有功者也。必有一物焉，贯注而联系之，然后群之实乃举，若此者谓之公德。

道德之本体一而已。但其发表于外，则公私之名立焉。人人独善其身者，谓之私德；人人相善其群者，谓之公德，二者皆人生所不可缺之具也。无私德则不能立；合无量数卑污、虚伪、残忍、愚懦之人，无以为国也。无公德则不能团；虽有无量数束身自好、廉谨、良愿之人，仍无以为国也。吾中国道德之发达，不可谓不早。虽然，偏于私德，而公德殆阙如。试观《论语》《孟子》诸书，吾国民之木铎，而道德所从出者也。其中所教，私德居十之九，而公德不及其一焉。如《皋陶谟》之九德，《洪范》之三德。《论语》所谓温良恭俭让，所谓克己复礼，所谓忠信笃敬，所谓寡尤寡悔，所谓刚毅木讷，所谓知命知言。《大学》所谓知止慎独，戒欺求慊。《中庸》所谓好学，力行，知耻，所谓戒慎恐惧，所谓致曲。《孟子》所谓存心养性，所谓反身强恕。凡此之类，关于私德者，发挥几无余蕴。于养成私人私人者，对于公人而言，谓一个人不与他人交涉之时也。之资格，庶乎备矣。虽然，仅有私人之资格，遂足为完全人格乎？是固不能。

今试以中国旧伦理，与泰西新伦理相比较，旧伦理之分类，曰君臣，曰父子，曰兄弟，曰夫妇，曰朋友。新伦理之分类，曰家族伦理，曰社会即人群。伦理，曰国家伦理。旧伦理所重者，则一私人对于一私人之事也。一私人之独善其身，固属于私德之范围。即一私人与他私人交涉之道义，仍属于私德之范围也。此可以法律上公法私法之范围证明之。新伦理所重者，则一私人对于一团体之事也。以新伦理之分类，归纳旧伦理，则关于家族伦理者三，父子也，兄弟也，夫妇也。关于社会伦理者一，朋友也。关于国家伦理者一，君臣也。然朋友一伦，决不足以尽社会伦理。君臣一伦，尤不足以尽国家伦理。何也？凡人对于社会之义务，决不徒在相知之朋友而已。即绝迹不与人交者，仍于社会上有不可不尽之责任。至国家者，尤非君臣所能专有。若仅言君臣之义，则使以礼，事以忠，全属两个私人感恩效力之事耳，于大体无关也。将所谓逸民不事王侯者，岂不在此伦范围之外乎？夫人必备此三伦理之义务，然后人格乃成。若中国之五伦，则惟于家族伦理稍为完整，至社会国家伦理不备滋多，此缺憾之必当补者也。皆由重私德轻公德所生之结果也。夫一私人之所以自处，与一私人之对于他私人，其间必贵有道德者存，此奚待言？虽然，此道德之一部分，而非其全体也。全体者，合公私而兼善之者也。

私德公德，本并行不悖者也。然提倡之者既有所偏，其末流或遂至相妨。若微生亩讥孔子以为佞，公孙丑疑孟子以好辩。此外道浅学之徒，其不知公德，不待言矣。而大圣达哲，亦往往不免。吾今固不欲摭拾古人片言只语有为而发者，摘之以相诟病。要之吾中国数千年来，束身寡过主义，实为德育之中心点。范围既日缩日小，其间有言论行事，出此范围外，欲为本群本国之公利公益有所尽力者，彼曲士贱儒，动辄援“不在其位，不谋其政”等偏义，以非笑之，挤排之。谬种流传，习非胜是，而国民益不复知公德为何物。今夫人之生息于一群也，安享其本群之权利，即有当尽于其本群之义务。苟不尔者，则直为群之蠹而已。彼持束身寡过主义者，以为吾虽无益于群，亦无害于群。庸讵知无益之即为害乎？何则？群有以益我，而我无以益群，是我逋群之负而不偿也。夫一私人与他私人交涉，而逋其所应偿之负，于私德必为罪矣。谓其害之将及于他人也；而逋群负者，乃反得冒善人之名，何也？使一群之人，皆相率而逋焉，彼一群之血本，能有几何？而此无穷之债客，日夜蠹蚀之而瓜分之，有消耗，无增补，何可长也？然则其群必为逋负者所拽倒，与私人之受累者同一结果；此理势之所必然矣！今吾中国所以日即衰落者，岂有他哉？束身寡过之善士太多，享权利而不尽义务，人人视其所负于群者如无有焉。人虽多，曾不能为群之利，而反为群之累，夫安得不日蹙也？

父母之于子也，生之育之，保之教之。故为子者有报父母恩之义务，人人尽此义务，则子愈多者，父母愈顺，家族愈昌；反是，则为家之索矣！故子而逋父母之负者，谓之不孝，此私德上第一大义，尽人能知者也。群之于人也，国家之于国民也，其恩与父母同。盖无群无国，则吾性命财产无所托，智慧能力无所附，而此身将不可以一日立于天地。故报群报国之义务，有血气者所同具也。苟放弃此责任者，无论其私德上为善人为恶人，而皆为群与国之蝥贼！譬诸家有十子，或披剃出家，或博弈饮酒；虽一则求道，一则无赖，其善恶之性质迥殊，要之不顾父母之养，为名教罪人，则一也。明乎此义，则凡独善其身以自足者，实与不孝同科。案公德以审判之，虽谓其对于本群而犯大逆不道之罪，亦不为过。

某说部寓言，有官吏死，而冥王案治其罪者，其魂曰："吾无罪，吾作官甚廉。"冥王曰："立木偶于庭，并水不饮，不更胜君乎？于廉之外一无所闻，是即君之罪也。"遂炮烙之。欲以束身寡过为独一无二之善德者，不自知其已陷于此律而不容赦也。近世官箴，最脍炙人口者三字，曰："清、慎、勤。"夫清、慎、勤岂非私德之高尚者耶？虽然，彼官吏者，受一群之委托而治事者也。既有本身对于群之义务，复有对于委托者之义务，曾是清、慎、勤三字，遂足以塞此两重责任乎？此皆由知有私德，不知有公德，故政治之不进，国华之日替，皆此之由。彼官吏之立于公人地位者且然，而民间一私人更无论也。我国民中无一人视国事如己事者，皆公德之大义，未有发明故也。

且论者亦知道德所由起乎？道德之立，所以利群也。故因其群文野之差等，而其所适宜之道德，亦往往不同。而要之以能固其群，善其群，进其群者为归。夫英国宪法，以侵犯君主者为大逆不道。各君主国皆然。法国宪法，以谋立君主者为大逆不道；美国宪法，乃至以妄立贵爵名号者为大逆不道。凡违宪者，皆大逆不道也。其道德之外形相反如此，至其精神则一也。一者何？曰：为一群之公益而已。乃至古代野蛮之人，或以妇女公有为道德，一群中之妇女，为一群中之男子所公有物，无婚姻之制也。古代斯巴达尚不脱此风。或以奴隶非人为道德，视奴隶不以人类，古贤柏拉图，阿里士多德皆不以为非，南北美战争以前，欧美人尚不以此事为恶德也。而今世哲学家，犹不能谓其非道德。盖以彼当时之情状，所以利群者，惟此为宜也。然则道德之精神，未有不自一群之利益而生者。苟反于此精神，虽至善者，时或变为至恶矣。如自由之制，在今日为至美，然移之于野蛮未开之群，则为至恶。专制之治，在古代为至美，然移之于文明开化之群，则为至恶。是其例证也。是故公德者，诸德之源也。有益于群者为善，无益于群者为恶。无益而有害者为大恶，无害亦无益者为小恶。此理放诸四海而准，俟诸百世而不惑者也。至其道德之外形，则随其群之进步以为比例差。群之文野不同，则其所以为利益者不同，而其所以为道德者亦自不同。德也者，非一成而不变者也。吾此言颇骇俗，但所言者，德之条理，非德之本原。其本原固亘万古而无变者也。读者幸勿误会。本原惟何？亦曰利群而已。非数千年前之古人所能立一定格式以范围天下万世者也。私德之条目变迁较少，公德之条目变迁尤多。

然则吾辈生于此群，生于此群之今日，宜纵观宇内之大势，静察吾族之所宜，而发明一种新道德，以求所以固吾群、善吾群、进吾群之道。未可以前王先哲所罕言者，遂以自画而不敢进也。知有公德，而新道德出焉矣，而新民出焉矣。今世士夫谈维新者，诸事皆敢言新，惟不敢言新道德，此由学界之奴性未去，爱群爱国爱真理之心未诚也。盖以为道德者，日月经天，江河行地，自无始以来，不增不减。先圣昔贤，尽揭其奥，以诏后人，安有所谓新焉旧焉者。殊不知道德之为物，由于天然者半，由于人事者亦半。有发达，有进步，一循天演之大例。前哲不生于今日，安能制定悉合今日之道德？使孔、孟复起，其不能不有所损益也亦明矣。今日正当过渡时代，青黄不接，前哲深微之义，或湮没而未彰，而流俗相传简单之道德，势不足以范围今后之人心。且将有厌其陈腐，而一切吐弃之者。吐弃陈腐，犹可言也。若并道德而吐弃，则横流之祸曷其有极，今此祸已见端矣。老师宿儒或忧之，劬劬焉欲持宋元之余论以遏其流。岂知优胜劣败，固无可逃！捧抔土以塞孟津，沃杯水以救薪火，虽竭吾才，岂有当焉？苟不及今急急斟酌古今中外，发明一种新道德者而提倡之，吾恐今后智育愈盛，则德育愈衰，泰西物质文明尽输入中国，而四万万人且相率而为禽兽也。呜呼！道德革命之论，吾知必为举国之所诟病。顾吾特恨吾才之不逮耳！若夫与一世之流俗人挑战决斗，吾所不惧，吾所不辞。世有以热诚之心爱群爱国爱真理者乎？吾愿为之执鞭以研究此问题也。公德之大目的，既在利群，而万千条理，即由是生焉。本论以后各子目，殆皆可以利群二字为纲，以一贯之者也。故本节但论公德之急务，而实行此公德之方法，则别着于下方。

# 第六节　论国家思想

人群之初级也，有部民而无国民。由部民而进为国民，此文野所由分也。部民与国民之异安在？曰：群族而居，自成风俗者，谓之部民。有国家思想，能自布政治者，谓之国民。天下未有无国民而可以成国者也。

国家思想者何？一曰对于一身而知有国家。二曰对于朝廷而知有国家。三曰对于外族而知有国家。四曰对于世界而知有国家。

所谓对于一身而知有国家者何也？人之所以贵于他物者，以其能群耳。使以一身孑然孤立于大地，则飞不如禽，走不如兽，人类翦灭亦既久矣！故自其内界言之，则太平之时，通功易事，分业相助，必非能以一身而备百工也。自其外界言之，则急难之际，群策群力，捍城御侮，尤非能以一身而保七尺也，于是乎国家起焉。国家之立，由于不得已也。即人人自知仅恃一身之不可，而别求彼我相团结、相补助、相捍救、相利益之道也。而欲使其团结永不散，补救永不亏，捍救永不误，利益永不穷；则必人人焉知吾一身之上，更有大而要者存。每发一虑，出一言，治一事，必常注意于其所谓一身以上者。此兼爱主义也。虽然，即谓之为我主义，亦无不可。盖非利群则不能利己，天下之公例也。苟不尔，则团体终不可得成，而人道或几乎息矣。此为国家思想之第一义。

所谓对于朝廷而知有国家者何也？国家如一公司，朝廷则公司之事务所；而握朝廷之权者，则事务所之总办也。国家如一村市，朝廷则村市之会馆；而握朝廷之权者，则会馆之值理也。夫事务所为公司而立乎？抑公司为事务所而立乎？会馆为村市而设乎？抑村市为会馆而设乎？不待辨而知矣。两者性质不同，而其大小轻重，自不可以相越。故法王路易第十四“朕即国家也”一语，至今以为大逆不道，欧美五尺童子，闻之莫不唾骂焉。以吾中国人之眼观之，或以为无足怪乎！虽然，譬之有一公司之总办，而曰我即公司；有一村市之值理，而曰我即村市。试思公司之股东，村市之居民，能受之否耶？夫国之不可以无朝廷，固也。故常推爱国之心以爱及朝廷，是亦爱人及屋，爱屋及乌之义云尔。若夫以乌为屋也，以屋为人也，以爱屋爱乌为即爱人也；浸假爱乌而忘其屋，爱屋而忘其人也。欲不谓之病狂，不可得也。故有国家思想者，亦常爱朝廷；而爱朝廷者，未必皆有国家思想。朝廷由正式而成立者，则朝廷为国家之代表，爱朝廷即所以爱国家也。朝廷不以正式而成立者，则朝廷为国家之蟊贼，正朝廷乃所以爱国家也。此为国家思想之第二义。

所谓对于外族而知有国家者何也？国家者，对外之名词也。使世界而仅有一国，则国家之名不能成立。故身与身相并而有我身，家与家相接而有我家，国与国相峙而有我国。人类自千万年以前，分孳各地，各自发达。自言语风俗，以至思想法制，形质异，精神异，而有不得不自国其国者焉。循物竞天择之公例，则人与人不能不冲突，国与国不能不冲突。国家之名，立之以应他群者也。故真爱国者，虽有外国之神圣大哲，而必不愿服从于其主权之下。宁使全国之人流血粉身靡有孑遗，而必不肯以丝毫之权利让于他族。盖非是则其所以为国之具先亡也。譬之一家，虽复室如悬磬，亦未有愿他人入此室处者。知有我故，是故我存，此为国家思想第三义。

所谓对于世界而知有国家者何也？宗教家之论，动言天国，言大同，言一切众生。所谓博爱主义，世界主义，抑岂不至德而深仁也哉！虽然，此等主义，其脱离理想界而入于现实界也，果可期乎？此其事或待至万数千年后，吾不敢知。若今日将安取之？夫竞争者，文明之母也。竞争一日停，则文明之进步立止。由一人之竞争而为一家，由一家而为一乡族，由一乡族而为一国。一国者，团体之最大圈，而竞争之最高潮也。若曰并国界而破之，无论其事之不可成，即成矣，而竞争绝，毋乃文明亦与之俱绝乎？况人之性非能终无竞争者也。然则大同以后，不转瞬而必复以他事起竞争于天国中，而彼时则已返为部民之竞争，而非复国民之竞争，是率天下人而复归于野蛮也。今世学者，非不知此主义之为美也。然以其为心界之美，而非历史上之美。故定案以国家为最上之团体，而不以世界为最上之团体，盖有由也。然则言博爱者，杀其一身之私以爱一家可也。杀其一家之私以爱一乡族可也。杀其一身、一家、一乡族之私以爱一国可也。国也者，私爱之本位，而博爱之极点，不及焉者野蛮也，过焉者亦野蛮也。何也？其为部民而非国民一也。此为国家思想第四义。

耗矣哀哉！吾中国人之无国家思想也。其下焉者，唯一身一家之荣瘁是问；其上焉者，则高谈哲理以乖实用也。其不肖者且以他族为虎，而自为其伥；其贤者，亦仅以尧跖为主，而自为其狗也。

以言乎第一义，则今日四万万人中，其眼光能及于一身以上者几人？攘而往，熙而来；苟有可以谋目前锱铢之私利者，虽卖尽全国之同胞以图之，所弗辞也。其所谓第一等人者，则独善其身，乡党自好者流也。是即吾所谓逋群负而不偿者也。夫独善之与私恶，其所以自立者虽不同，要其足以召国家之衰亡一也。

以言乎第二义，则吾中国相传天经地义，曰忠、曰孝，尚矣！虽然，言忠国则其义完，言忠君则其义偏，何也？忠孝二德，人格最要之件也。二者缺一，时曰非人。使忠而仅以施诸君也，则天下之为君主者，岂不绝其尽忠之路？生而抱不具人格之缺憾耶？则如今日美法等国之民，无君可忠者，岂不永见屏于此德之外，而不复得列于人类耶？顾吾见夫为君主者，与为民主国之国民者，其应尽之忠德，更有甚焉者也。人非父母无自生，非国家无自存。孝于亲，忠于国，皆报恩之大义，而非为一姓之家奴走狗者所能冒也；而吾中国人以忠之一字为主仆交涉之专名，何其傎也！君之当忠，更甚于民，何也？民之忠也，仅在报国之一义务耳。君之忠也，又兼有不负付托之义务，安在其忠德之可以已耶？夫孝者，子所对于父母之责任也。然为人父者，何尝可以缺孝德。父不可不孝，而君顾可以不忠乎？仅言忠君者，吾见其不能自完其说也。

以言乎第三义，则吾国历史弥天之大辱，而非复吾所忍言矣。计自汉末以迄今日，凡一千七百余年间，我中国全土，为他族所占领者，三百五十八年。其黄河以北，乃至七百五十九年。今列其种族及时代为表如下：

| 国名 | 国祖 | 种族 | 都 | 今地 | 兴起年代（西历） | 灭亡年代（西历） |
|---|---|---|---|---|---|---|
| 汉 | 刘渊 | 匈奴 | 平阳 | 山西平阳府 | 304年 | 329年 |
| 成 | 李雄 | 巴氐 | 成都 | 四川成都府 | 304年 | 347年 |
| 后赵 | 石勒 | 羯 | 邺 | 直隶顺德府 | 318年 | 351年 |
| 燕 | 慕容皝 | 鲜卑 | 邺 | 直隶顺德府 | 337年 | 370年 |
| 代 | 拓跋猗卢 | 鲜卑 | 盛乐 | 山西大同府 | 309年 | 376年 |
| 秦 | 符健 | 氐 | 长安 | 陕西西安府 | 351年 | 394年 |
| 后燕 | 慕容垂 | 鲜卑 | 中山 | 直隶定州 | 383年 | 408年 |
| 后秦 | 姚苌 | 羌 | 长安 | 直隶定州 | 384年 | 417年 |
| 西燕 | 慕容冲 | 鲜卑 | 长子 | 山西潞州府 | 384年 | 394年 |
| 西秦 | 乞伏乾归 | 鲜卑 | 苑川 | 甘肃巩吕府 | 385年 | 431年 |
| 后凉 | 吕光 | 氐 | 姑藏 | 甘肃凉州府 | 386年 | 403年 |
| 南燕 | 慕容德 | 鲜卑 | 广固 | 山东青州府 | 398年 | 410年 |
| 南凉 | 秃发傉檀 | 鲜卑 | 廉川 | 甘肃西宁府 | 402年 | 414年 |
| 北凉 | 沮渠蒙逊 | 匈奴 | 张掖 | 甘肃甘州府 | 402年 | 439年 |
| 大夏 | 赫连勃勃 | 匈奴 | 统万 | 甘肃宁复府 | 407年 | 431年 |
| 后魏 | 拓跋珪 | 鲜卑 | 平城 | 山西大同府 | 386年 | 564年 |
| 契丹 | | 五代时 | 燕云 | 十六州 | | |
| 金 | 完颜阿骨打 | 女真 | 开封 | 河南开封府 | 1126年 | 1234年 |
| 元 | 成吉思 | 蒙古 | 北京 | 直隶顺天府 | 1277年 | 1367年 |

续 表

| 国名 | 国祖 | 种族 | 都 | 今地 | 兴起年代（西历） | 灭亡年代（西历） |
|---|---|---|---|---|---|---|
| ⋮ | ⋮ | ⋮ | ⋮ | ⋮ | ⋮ | ⋮ |
| ⋮ | ⋮ | ⋮ | ⋮ | ⋮ | ⋮ | ⋮ |

呜呼！以黄帝神明华胄所世袭之公产业，而为人终而夺之者，屡见不一见。而所谓黄帝子孙者，迎壶浆若崩厥角。纡青紫臣妾骄人，其自啮同类以为之尽力者，又不知几何人也！陈白沙崖山吊古诗有云："镌功奇石张宏范，不是胡儿是汉儿！"嗟夫！嗟夫！晋宋以来之汉儿，其丰功伟烈与张宏范后先辉映者，何啻千百！白沙先生，无乃所见不广乎。国家思想之销亡，至是而极。

以言乎第四义，则中国儒者，动曰平天下治天下。其尤高尚者，如江都《繁露》之篇，横渠《西铭》之作，视国家为眇小之一物，而不屑厝意。究其极也，所谓国家以上之一大团体，岂尝因此等微妙之空言而有所补益？而国家则滋益衰矣。若是乎吾中国人之果无国家思想也，危乎痛哉！吾中国人之无国家思想，竟如是其甚也！

吾推其所以然之故，厥有二端：一曰知有天下而不知有国家，二曰知有一己而不知有国家。

其误认国家为天下也，复有二因：第一由于地理者。欧洲地形，山河绮错，华离破碎，其势自趋于分立。中国地形，平原磅礴，阨塞交通，其势自趋于统一。故自秦以后，二千余年，中间惟三国、南北朝三百年间，稍为分裂，自余则皆四海一家。即偶有割据，亦不旋踵而合并也。环其外者，虽有无数蛮族，然其幅员，其户口，其文物，无一足及中国。若葱岭以外，虽有波斯、印度、希腊、罗马诸文明国，然彼此不相接不相知。故中国之视其国如天下，非妄自尊大也，地理使然也。夫国也者，以对待而成。中国人国家思想发达，所以较难于欧洲者，势也。第二由于学说者。战国以前，地理之势未合，群雄角立，而国家主义亦最盛。顾其敝也，争地争城，杀人盈野，涂炭之祸，未知所极！有道之士，愍然忧之！矫枉过正，以救末流。孔子作《春秋》，务破国界，归于一王，以文致太平。孟子谓："天下恶乎定？定于一。"其余先秦诸子，如墨翟、宋牼、老聃、关尹之流，虽其哲理各自不同，至言及政术，则莫不以统一诸国为第一要义。盖救当时之弊，不得不如是也。人心之厌分争已甚，遂有嬴政、刘邦诸枭雄，接踵而起。前此书生之坐论，忽变为帝者之实行中央集权之势，遂以大定。帝者犹虑其未固也，乃更燔百家之言，锢方术之士，而务剌取前哲绪论之有利于己者，特表彰之，以陶冶一世。于是国家主义遂绝。其绝也，未始不由孔、墨诸哲消息于其间也。虽然，是固不可以为先哲咎。彼其时固当然，而扶东倒西，又人类之弱点而不能避者也。佛以说法度众生，而法执者，谓执泥于法也。即由法生惑焉。后人狃一统而忘爱国，又岂先圣之志也？且人与人相处，而不能无彼我之界者，天性然矣。国界既破，而乡族界、身家界反日益甚。是去十数之大国，而复生出百数千数无量数之小国。驯至四万万人为四万万国焉。此实吾中国二千年来之性状也。惟不知有国也，故其视朝廷，不以为国民之代表，而以为天帝之代表。彼朝廷之屡易而不动其心也，非恝也，苍天死而黄天立，白帝杀而赤帝来，于我下界凡民有何与也？禀受于地理者既若彼，熏习于学说者又若此，我国人之无国家思想也，又何怪焉！又何怪焉！

虽然，知有天下而不知有国家，此不过一时之谬见。其时变，则其谬亦可自去。彼谬之由地理而起者，今则全球交通，列强比邻，闭关一统之势破，而安知殷忧之不足以相启也。谬之由学说而起者，今则新学输入，古义调和，通变宜民之论昌，而安知王霸之不可以一途也？所最难变者，则知有一己而不知有国家之弊，深中于人心也。夫独善其身乡党自好者，畏国事之为己累而逃之也。家奴走狗于一姓而自诩为忠者，为一己之爵禄也。势利所在，趋之若蚁。而更自造一种道德以饰其丑而美其名也。不然，则二千年来与中国交通者，虽无文明大国，而四面野蛮，亦何尝非国耶？谓其尽不知有对待之国，又乌可也？然试观刘渊、石勒以来，各种人之入主中夏，曾有一焉无汉人以为之佐命元勋者乎？昔嵇绍生于魏，晋人篡其君而戮其父，绍腼颜事两重不共戴天之仇敌，且为之死而自以为忠。后世盲史家亦或以忠许之焉。吾甚惜乎至完美至高尚之忠德，将为此辈污蔑以尽也！无他，知有己而已。有能富我者，吾愿为之吮痈；有能贵我者，吾愿为之叩头。其来历何如，岂必问也？若此者，其所以受病，全非由地理学说之影响。地理学说虽万变，而奴隶根性终不可得变。呜呼！吾独奈之何哉？吾独奈之何哉？不见乎联军入北京，而顺民之旗，户户高悬；德政之伞，署衔千百。呜呼痛哉！吾语及此，无眦可裂，无发可竖，吾惟胆战，吾惟肉麻。忠云忠云，忠于势云尔！忠于利云尔！不知来，视诸往。他日全地球势利中心点之所在，是即四万万忠臣中心点之所在也。而特不知国于此焉者之谁与立也？

鸣呼！吾不欲多言矣！吾非敢望我同胞将所怀抱之利己主义划除净尽！吾惟望其扩充此主义，巩固此主义，求如何而后能真利己，如何而后能保己之利使永不失。则非养成国家思想，不能为功也。同胞乎！同胞乎！勿谓广土之足恃！罗马帝国全盛时，其幅员不让我今日也。勿谓民众之足恃！印度之土人，固二百余兆也。勿谓文明之足恃！昔希腊之雅典，当其为独立国也，声明文物甲天下，及其服从他族，萎靡不振以至于澌亡。而吾国当胡元时代，士大夫皆习蒙古文，《廿二史劄记》言之甚详。而文学几于中绝也。惟兹国家，吾侪父母兮！无父何怙，无母何恃兮！茕茕凄凄，谁怜取兮？时运一去，吾其已兮！思之思之兮，及今其犹未沫兮！

# 第七节　论进取冒险

天下无中立之事，不猛进，斯倒退矣；人生与忧患俱来，苟畏难，斯落险矣。吾见夫今日天下万国中，其退步之速，与险象之剧者，莫吾中国若也，吾为此惧！

欧洲民族所以优强于中国者，原因非一，而其富于进取冒险之精神，殆其尤要者也。今勿征诸远，请言其近者。当罗马解纽以后，欧洲人满为忧，纷竞不可终日；时则有一窭人子，孑身万里，四度航海，舟人失望睊怒之极，欲杀之而饮其血，而顾勇挠不屈，有进无退，卒觅得亚美利加，为生灵开出一新世界者，则西班牙之哥仑布士（Columbus）其人也。

当罗马教皇威力达于极点，各国君主，俯伏肘下；时则有一介僧侣，天主教之教士不娶妻，故日本假佛教僧字以名之，今从其号。悍然揭九十六条檄文于大府，鸣旧教之罪恶，倡新说以号召天下。教皇率百数十王侯，开法会拘而讯之，使更前说，而顾从容对簿，侃侃抗言，不屈不挠，卒能开信教自由之端绪，为人类进幸福者，则日耳曼之马丁路得（Martin Luther）其人也。

扁舟绕地球一周，凌重涛，冒万死，三年乃还，卒开通太平洋航路，为两半球凿交通之孔道者，则葡萄牙之麦志伦（Magellan）其人也。

只身探险于亚非利加内地，越万里之撒哈拉沙漠，与瘴气战，与土蛮战，与猛兽战，数十年如一日，卒使全非开通，为白人殖民地，则英国之立温斯敦（Livingstone）其人也。

十六七世纪间，新旧教之争正烈，日耳曼剿灭新教徒殆无遗类；时则有波罗的海岸一蕞尔国，奋其螳臂，为人类请命，为上帝复仇，卒以万六千之精兵，横行欧陆，拯民涂炭，牺牲一身而不悔者，则瑞典王亚多法士（Adolphus）其人也。

俄罗斯经蒙古蹂躏之后，元气新复，积弱蛮陋，无足比数，时则有以万乘之尊，微服外游，杂伍佣作，学其文明技术，传与其民，使其国为今日世界第一雄国，骎骎乎有囊括宇内之观者，则俄皇大彼得（Peter the Great）其人也。

英国自额里查白英女皇名。以后，积胜而骄，立宪美政，渐以坠地；时则有一穷壤牧夫，攘臂以举义旗，兴国会军，血战八年，卒俘独夫，重兴民政，使北海三岛，为文明政体之祖国，国旗辉于大地者，则英吉利之克林威尔（Cromwell）其人也。

美受英轭，租税烦重，人权蹂躏，民不聊生；时则有一穹谷侠农，叩自由之钟，揭独立之旗，毫无凭藉，以抗大敌，卒能建雄邦于新世界，今日几为廿世纪地球之主人翁者，则美总统华盛顿（Washington）其人也。

法国大革命后，风潮迅激，大陆震慑，举国不宁；时则有一小军队中一小将校，奋其功名心，征埃及，征意大利，席卷全欧，建大帝国，犹率四十万貔貅临强俄，逐北千里，虽败而其气不挫，则法皇拿破仑（Napoleon）其人也。

荷为班属，宗教压制，虐政憔悴，缇骑遍国；时则有一亡命志士，集劲旅于日耳曼，归图恢复，血战三十七年，卒复国权，身毙于钼麑之手而不悔者，则荷兰之维廉额们（William Egmont）其人也。

美国当数十年前，奴政盛行，人道灭绝，南北异趣，国几分裂；时则有一舟人之子，以正理为甲胄，以民义为戈矛，断然排俗情，兴义战，牺牲少数以活多数，草芥一身以献国民，卒能实行平等博爱之理想，定国宪以为天下法，则美总统林肯（Lincoln）其人也。

罗马云亡，遗烈久沫，寄息他族，奴畜禽视；时则有弱冠翩翩一少年，投秘密结社，倾伪政府，不能得志，逋窜异域，专务青年教育，唤起国魂，卒能使其国成独立统一之功，列于世界第一等国者，则意大利之玛志尼（Mazzini）其人也。

若此者，不过聊举数贤以为例耳，其他豪杰之类此者，比肩接踵于历史，胪其事实，则五车不能容，即算其姓名，亦更仆不能尽。于戏！何其盛哉。后世读史者，挹其芬，汲其流，崇拜而歌舞之，而不知其当时道天下所不敢道，为天下所不敢为。其精神有江河学海不到不止之形，其气魄有破釜沉舟一瞑不视之慨。其徇其主义也，有天上地下惟我独尊之观；其向其前途也，有鞠躬尽瘁死而后已之志。其成也，涸脑精以买历史之光荣；其败也，迸鲜血以赎国民之沉孽。呜呼！曷克有此？曰惟进取故，曰惟冒险故。

进取冒险之性质何物乎？吾无以名之，名之曰浩然之气。孟子释浩然之气曰："其为气也，配义与道。无是，馁也。"又曰"是集义所生者，非义袭而取之也；行有不慊于心，则馁矣。"故此性质者，人有之则生，无之则死；国有之则存，无之则亡。而所以养成之，发现之者，其根柢甚深厚，而非器性薄弱之人所能假借。试推其所原，有四端焉。

一曰生于希望。亚历山大之亲征波斯也，濒行，举其子女、玉帛，悉分予诸臣，无一余者。诸臣曰："然则王更何有乎？"王曰："吾有一焉，曰希望。"甚哉，希望之于人，如此其伟大而有力也。凡人生莫不有两世界：其在空间者，曰实际界，曰理想界；其在时间者，曰现在界，曰未来界。实际与现在，属于行为；理想与未来，属于希望。而现在所行之实际，即为前此所怀理想之发表；而现在所怀之理想，又为将来所行实际之券符。然则实际者，理想之子孙；未来者，现在之父母也。故人类所以胜于禽兽，文明人所以胜于野蛮，惟其有希望故，有理想故，有未来故。希望愈大，则其进取冒险之心愈雄。越王勾践之栖会稽，以薪为蓐，以胆为粮，彼其心未尝一日忘沼吴也。摩西率顽冥险躁之犹太人民，彷徨于亚剌伯沙漠四十余年，彼盖日有一葡萄滋熟蜜乳芬郁之迦南乐土，来往于其胸中也。王阳明诗云："人人有路透长安，坦坦平平一直看。"岂惟吴会？岂惟迦南？盖丈夫之所以立于世者，莫不有第二之世界，以为其归宿之一故乡，各怀希望以奔于无极之长途，此世运所以日进步也。以此希望故，故其于现在界，于实际界，不惜绞其脑，滴其汗，胼胝其手足，甚乃献其血，蜕其骸。岂徒然哉？其将有所易也。西哲有言："上帝语众生曰：'汝所欲之物，吾悉畀汝，但汝当纳其代价。'进取冒险者，希望之代价也。彼禽兽与野蛮人，饥则求食，饱则嬉焉，知有今日而不知有明日。人之所以为人，文明之所以为文明，亦曰：知明日而已。惟明日能系我于无极，而三日焉，而五日焉，而七日焉，而一旬焉，而一月焉，而一年焉，而十年焉，而百年焉，而千万年焉，而亿兆京垓无量数不可思议年焉，皆明日之积也。保守今日，故进取之念消；偷安今日，故冒险之气亡。若此者，是弃其所以为人之具，而自侪于群动也。吾乃知进取冒险之不可以已如此其甚也。

二曰生于热诚。吾读《史记·李将军列传》，至"广出猎，见草中石，以为虎，射之，中石，没羽；视之，石也。因复更射之，终不能复入石矣。"未尝不叹人生之能力，无一定界限，无一定程度，而惟以其热诚之界限程度为比例差。其动机也希微，其结果也殊绝，而深知夫天下古今之英雄豪杰、孝子烈妇、忠臣义士，以至热心之宗教家、政治家、美术家、探险家，所以能为惊天地，泣鬼神之事业，震宇宙而昭苏之者，其所得皆有由也。西儒姚哥氏有言："妇人弱也，而为母则强。"夫弱妇何以能为强母？唯其爱儿至诚之一念，则虽平生娇不胜衣，情如小鸟，而以其儿之故，可以独往独来于千山万壑中，虎狼吼咻，魍魉出没，而无所于恐，无所于避。大矣哉！热诚之爱之能易人度也。朱寿昌之弃官行乞，跋涉风雪，爱其亲也。豫让之漆身为厉，被发为奴，爱其君也。诸葛武侯之扶病出师，洒一掬之泪于五丈原头而不辞者，爱知己也。克林威尔冒弑君之大不韪，且两度解散国会，受专制之嫌而无惮者，爱国民也。林肯不顾国内之分裂，不恤战争之涂炭，而毅然布放奴令于南美者，爱公理也。十六七世纪之间，新教徒抵抗教皇者二百余年，死者以千数百万计，而未尝悔者，爱上帝，爱自由也。十九世纪，革命风潮，遍于全欧，掷无量数之头颅血肉，前者仆而后者继，亦以其民之爱国而自爱也。彼男女之相悦，则固常背父母，犯舆论，千回百折以相从矣，甚者乃相为死矣。夫人情孰不爱生而恶死，顾其所爱有甚于生者，故或可以得生而不用也。《战国策》言有攫金于齐市者，士官拘而鞫之，其人曰："吾攫金时，只见金，不见人。"彼夫英雄豪杰、孝子烈妇、忠臣义士，以至热心之宗教家、政治家、美术家、探险家，当其徇其主义，赴其目的，何一非见金不见人之类也？若是者，莫之为而为，莫之致而至，岂惟不见有人，并不见有我焉。无以名之，名之曰烟士披里纯（Inspiration）。"烟士披里纯"者，热诚最高潮之一点，而感动人驱迫人，使上于冒险进取之途者也。而此热诚又不惟于所爱者有之，乃至哀之极，怒之极，危险之极，亦常为驱发热诚之导线。处火宅者，弱女能运千钧之笥；临敌阵者，疲马亦作突围之想。故曰：不搏不跃，不激不行。可爱者而不知爱，可哀者而不知哀，可怒者而不知怒，可危者而不知危，此所谓无人性也。吾乃知进取冒险之不可以已如此其甚也！

三曰生于智慧。凡人之有所畏缩也，必其于事理见之未明者也。孩童妇妪最畏鬼，暮夜则不敢出也；野蛮民族最畏禨祥，龟筮不从则不敢动作也，日食慧见则恐惧潜藏也；礼拜五日不宜出行也，十三人不敢共膳也。二者皆西俗。此皆知有所蔽，而行遂有所怯也。滩石错落，河流激湍，非习水性者不敢渡焉；大雪漫野，坑谷皆盈，非识地势者不敢凌焉。见之不审，则其气先馁；馁则进取之精神萎地矣。故王阳明以知行合一为教义，诚得其本也。哥仑布之敢于航大西洋而西也，盖深信地图之理，而知彼岸必有极乐世界也。格兰斯顿之坚持爱尔兰自治案也，盖深信民族主义、自由平等主义，知非此而英、爱不能相安也。猛虎蹑于后，则越涧穿林如平地；大火燎于栋，则飞檐走壁如转蓬。知虎与火之能杀人，而不得不冒险以避最险也。若乳婴之子，不知虎之暴而火之烈，则嬉然安之而已。故进取冒险之精神，又常以其见地之浅深高下为比例差。欲养气者必先积智，非虚言也。而不然者，为教宗之奴隶，为先哲之奴隶，为习俗之奴隶，为居上位有权势者之奴隶，乃至自为其心之奴隶，其心又为四肢百体之奴隶，重重缚轭，奄奄就死，无复生人之趣矣。吾乃知进取冒险之不可以已如此其甚也。

四曰生于胆力。拿破仑曰：“‘难’之一字，惟愚人所用字典为有之耳。”又曰：“‘不能’二字，非佛兰西人所用也。”讷尔逊曰：“吾未见所谓可畏者，吾不识‘畏’之为何物也。”讷尔逊英国名将，即扫荡拿破仑海军者也。当五岁时，常独游山野，遇迅雷风烈，入夜不归。其家遣人觅得之，则危坐于山巅一破屋也。其祖母责之曰：“嘻！异哉！何物怪童，此可怖之现象，竟不能驱汝归家耶？”讷则答曰：“Fear? I never saw Fear, I do not know what it is!”即此文是也。译为华言，不能得其精神于万一。呜呼！至今读此言，神气犹为之王焉。岂伟人之根器，固非吾辈所能企乎？抑自有之而自不用也？拿破仑所历至难之境正多，讷尔逊所遇可畏之端亦不少。而拿、讷若行所无事者，无他，其气先足以胜之也，佛说三界唯心，万法唯识。吾以为不能焉，以为可畏焉，斯不能矣，斯可畏矣；吾以为能焉，以为无畏焉，斯亦能矣，斯亦无畏矣。此其理真非钝根众生之所能悟也。虽然，犹有二义焉：凡人之有疾病者，虽复齿痛鼻眩之微末，而其日之精神志气，辄为之萎缩，盖气力与体魄，常相依而为用者也，此一说也。又庄敬日强，安惰日偷，生理之大经也。曾文正曰：“身体强弱，却不宜过于爱惜；精神愈用则愈出，阳气愈提则愈盛。若存一爱惜精神的意思，将前将却，奄奄无气，决难成事。”此又一说也。若是乎体魄之不可不自壮，而胆力亦未尝不可以养成也！若拿破仑，若讷尔逊，若曾国藩，皆进取冒险之豪杰，永为后辈型者也。曾文正最讲踏实地步，谨慎小心；然其中自有冒险之精神，细读《全集》自能见之。吾乃知进取冒险之不可以已如此其甚也！

危乎微哉！吾中国人无进取冒险之性质，自昔已然，而今且每况愈下也。曰：“知足不辱，知止不殆。”曰：“知白守黑，知雄守雌。”曰：“不为物先，不为物后。”曰：“未尝先人，而常随人。”此老氏之谰言，不待论矣。而所称诵法孔子者，又往往遗其大体，摭其偏言，取其“狷”主义，而弃其“狂”主义；取其“勿”主义，而弃其“为”主义；“勿”主义者，惩忿窒欲之学也；如“非礼勿视”四句等义是。“为”主义者，开物成务之学也；如“天下有道，某不与易”等义是。取其“坤”主义，而弃其“乾”主义；地道、妻道、臣道，此“坤”主义也。自强不息，此“乾”主义也。取其“命”主义，而弃其“力”主义。《列子》有《力命篇》，《论语》称子罕言命，又称子不语力。其实力、命两者，皆孔子所常言。知命之训，力行之教，昭昭然矣。其所称道者，曰“乐则行之，忧则违之”也，曰“无多言，多言多患；无多事，多事多败”也，曰“危邦不入，乱邦不居”也，曰：“孝子不登高，不临深”也。夫此诸义，亦何尝非孔门所传述，然言非一端，义各有当，孔子曷尝以此义尽律天下哉？而末俗承流，取便利己，遂蒙老马以孔皮，易尼鄙以聃莒，于是进取冒险之精神，澌灭以尽。试观一部十七史之列传，求所谓如哥仑布、立温斯敦者有诸乎？曰：无有也。求所谓如马丁路得、林肯者有诸乎？曰：无有也。求所谓如克林威尔、华盛顿者有诸乎？曰：无有也。藉有一二，则将为一世之所戮辱而非笑者也。不曰好大喜功，则曰亡身及亲也。积之数千年，浸之亿万辈，而霸者复阳芟之而阴锄之，务使一国之人，鬼脉阴阴，病质奄奄，女性纤纤，暮色沉沉。呜呼！一国之大，有女德而无男德，有病者而无健者，有暮气而无朝气，甚者乃至有鬼道而无人道。恫哉恫哉！吾不知国之何以立也？君梦如何？我忧孔多！抚弦慷慨，为少年进步之歌。歌曰：

Never look behind, boys,<br>
  When you're on the way;<br>
Time enough for that, boys,<br>
  On some future day.<br>
Though the way be long, boys,

Face it with a will;
Never stop to look behind
When climbing up a hill.
First be sure you're right, boys,
Then with courage strong,
Strap your pack upon your back;
And tramp, tramp along.
When you're near the top, boys,
Of the rugged way,
Do not think your work is done,
But climb，climb away.
Success is at the top, boys,
Waiting there until
Patient, plodding, plucky boys,
Have mounted up the hill.

## 第八节　论权利思想

人人对于人而有当尽之责任，人人对于我而有当尽之责任。对人而不尽责任者，谓之间接以害群；对我而不尽责任者，谓之直接以害群。何也？对人而不尽责任，譬之则杀人也；对我而不尽责任，譬之则自杀也。一人自杀，则群中少一人；举一群之人而皆自杀，则不啻其群之自杀也。

我对我之责任奈何？天生物而赋之以自捍自保之良能，此有血气者之公例也。而人之所以贵于万物者，则以其不徒有“形而下”之生存，而更有“形而上”之生存。形而上之生存，其条件不一端，而权利其最要也。故禽兽以保生命为对我独一无二之责任。而号称人类者，则以保生命保权利两者相倚。然后此责任乃完。苟不尔者，则忽丧其所以为人之资格，而与禽兽立于同等之地位。故罗马法视奴隶与禽兽等，于论理上诚得其当也。以论理学三段法演之，其式如下：无权利者禽兽也。奴隶者，无权利者也。故奴隶即禽兽也。故形而下之自杀，所杀者不过一人；形而上之自杀，则举全社会而禽兽之。且禽兽其苗裔，以至于无穷。吾故曰：直接以害群也。呜呼！吾一不解吾中国人之甘于自杀者何其多也！

权利何自生？曰：生于强。彼狮虎之对于群兽也，酋长国王之对百姓也，贵族之对平民也，男子之对女子也，大群之对于小群也，雄国之对于孱国也；皆常占优等绝对之权利。非狮、虎、酋长等之暴恶也，人人欲伸张己之权利而无所厌，天性然也。是故权利之为物，必有甲焉先放弃之，然后有乙焉能侵入之。人人务自强以自保吾权，此实固其群、善其群之不二法门也。古代希腊有供养正义之神者。其造像也，左手握衡，右手提剑。衡所以权权利之轻重，剑所以护权利之实行。有剑无衡，是豺狼也。有衡无剑，则权利者亦空言而卒归于无效。德儒伊耶陵（Jhering）所著《权利竞争论》，原名为 *Der Kampfums Recht* 英译为 *Battle Right*。伊氏为私法学大儒，生于一八一八年，卒于一八九二年。此书乃其被聘于奥国维也纳大学为教授时所著也。在本国重版九回，他国文翻译者二十一种，其书之价值可知矣。去年译书汇编同人，曾以我国文翻译之。仅成第一章，而其下阙如。余亟欲续成之，以此书药治中国人尤为对病也。本论要领，大率取材伊氏之作，故述其崖略如此。云："权利之目的在平和，而达此目的之方法，则不离战斗。有相侵者，则必相拒；侵者无已时，故拒者亦无尽期。质而言之，则权利之生涯竞争而已。"又曰："权利者，不断之勤劳也。勤劳一弛，而权利即归于灭亡。"若是乎权利之为物，其所以得之与所以保之者，如此其不易也。

藉欲得之，藉欲保之，则权利思想，实为之原。夫人之有四肢五脏也，是形而下生存之要件也。使内而或肝或肺，外而或指或趾，其有一不适者，孰不感苦痛而急思疗治之？夫肢脏之苦痛，是即其身内机关失和之征也，是即其机关有被侵焉之征也。而疗治者，即所以防御此侵害以自保也。形而上者之侵害亦有然，有权利思想者，一遇侵压，则其苦痛之感情，直刺焉激焉，动机一拨而不能自制，亟亟焉谋抵抗之以复其本来。夫肢脏受侵害而不觉苦痛者，必其麻木不仁者也。权利受侵害而不觉苦痛，则又奚择焉？故无权利思想者，虽谓之麻木不仁可也。

权利思想之强弱，实为其人品格之所关。彼夫为臧获者，虽以穷卑极耻之事廷辱之，其受也泰然。若在高尚之武士，则虽掷头颅以抗雪其名誉，所不辞矣。为穿窬者，虽以至丑极垢之名过毁之，其居也恬然。若在纯洁之商人，则虽倾万金以表白其信用，所不辞矣，何也？当其受侵受压受诬也，其精神上无形之苦痛，直感觉而不能自已。彼误解权利之真相者，以为是不过于形骸上物质上之利益，龂龂计较焉。嘻！鄙哉！其为浅丈夫之言也。譬诸我有是物而横夺于人，被夺者奋然抗争于法庭，彼其所争之目的，非在此物也，在此物之主权也。故常有诉讼之先，声言他日讼直所得之利益，悉以充慈善事业之用者。苟其志而在利也，则此胡为者；故此等之诉讼，可谓之道德上问题，而不可谓算学上之问题。苟为算学上之问题，则必先持筹而计之曰：“吾诉讼费之所损，可以偿讼直之所得乎？”能偿则为之，不能则已之，此鄙夫之行也。夫此等计算者，对于无意识之损害，可以用之。譬如坠物于渊，欲佣人而索之，因预算其物值与佣值之相偿，是理之当然也。其目的在得物之利益也。争权利则不然，其目的非在得物之利益也。故权利与利益，其性质正相反对。贪目前之苟安，计锱铢之小费者，其势必至视权利如弁毛，此正人格高下垢净所由分也。

昔蔺相如叱秦王曰："臣头与璧俱碎！"以赵之大，何区区一璧是爱？使其爱璧，则碎之胡为者？乃知璧可毁，身可杀，敌可犯，国可危，而其不可屈者，别有在焉。噫！此所谓权利者也。伊耶陵又言曰："英国人之游历欧洲大陆者，或偶遇旅馆舆夫有无理之需索，辄毅然斥之。斥之不听，或争议不决者，往往宁延迟行期数日数旬，所耗旅费视所争之数增至十倍，亦所不恤焉。无识者莫不笑其大愚，而岂知此人所争之数喜林，英国货币名，一喜林约当墨银半圆。实所以使堂堂英吉利国屹然独立于世界之要具也。盖权利思想之丰富，权利感情之敏锐，即英人所以立国之大原也。今试举一奥大利人，伊氏著书教授于奥大利，故以此鞭策奥人。与此英人地位同财力同者相比较，其遇此等事，则所以处置者何如？必曰：'此区区者，岂值以之自苦而滋事也？'直掷金拂衣而去耳。而乌知夫此英人所拒奥人所掷数片喜林之中，有一绝大之关系隐伏焉。即两国数百年来政治上之发达，社会上之变迁，皆消息乎其间也。"呜呼！伊氏之言，可谓博深而切明矣。吾国人试一自反，吾侪之权利思想，视英人奥人谁似也？

论者或疑此事为微末而不足道乎，请言其大者。譬有两国于此，甲国用无理之手段，以夺乙国硗确不毛之地一方里。此被害国者，将默而息乎？抑奋起而争？争之不得而继以战乎？战役一起，则国帑可以竭，民财可以尽。数十万之壮丁，可以一朝暴骨于原野之中；帝王之琼楼玉宇，窭民之筚门圭窦，可以同成一烬。驯至宗社可以屋，国祀可以灭。其所损与一方里地之比较，何啻什佰千万？就其得之，亦不过一方里石田耳。若以算学上两两相衡，彼战焉者可不谓大愚哉？而岂知一方里被夺而不敢问者，则十里亦夺，百里亦夺，千里亦夺，其势不至以全国委于他人而不止也。而此避竞争贪安逸之主义，即使其国丧其所以立国之原也。故夫受数喜林之欺骗屈辱而默然忍容者，则亦可以对于本身死刑之宣告自署名而不辞者也。被夺一方里之地而不发愤者，则亦可以举其父母之邦之全图献卖于他人，而不以动其心者也。此其左证岂在远，反观我国，而使我惭悚无地矣！

盎格鲁撒逊人不待言矣，条顿人不待言矣，欧洲之白种人不待言矣，试就近比照于日本。日本当四十年前美国一军舰始到，不过一测量其海岸耳，而举国无论为官、为士、为农、为工、为商、为僧、为俗，莫不瞋目切齿，攘臂扼腕，风起水涌；遂以奏尊攘之功，成维新之业。而我中国以其时燔圆明园，定《南京条约》，割香港，开五口。试问我国民之感情何如也？当八年前，俄、德、法三国逼日本还辽，不过以其所夺人者归原主耳。而举国无论为官、为士、为农、为工、为商、为僧、为俗，莫不瞋目切齿，攘臂扼腕，风起水涌，汲汲焉扩张军备，卧薪尝胆，至今不忘。而我中国以其时割胶州、旅顺等六七军港，定各国势力范围，浸假而联军入京，燕、蓟涂炭，试问我国民之感情何如也？彼其智宁不知曰：“此我之权利也。”但其有权利而不识有之之为尊荣，失权利而不知失之之为苦痛。一言蔽之曰：无权利思想而已。

吾中国先哲之教，曰：“宽柔以教，不报无道。”曰：“犯而不校。”曰：“以德报怨，以直报怨。”此自前人有为而发之言，在盛德君子偶一行之。虽有足令人起敬者，而末俗承流，遂藉以文其怠惰恇怯之劣根性，而误尽天下。如所谓百忍成金，所谓唾面自干，岂非世俗传为佳话者耶？夫人而至于唾面自干，天下之顽钝无耻，孰过是焉？今乃欲举全国人而惟此之为务，是率全国人而为无骨、无血、无气之怪物，吾不知如何而可也。中国数千年来，误此见解，习非成是，并为一谈。使勇者日即于销磨，怯者反有所借口。遇势力之强于己者，始而让之，继而畏之，终而媚之。弱者愈弱，强者愈强，奴隶之性，日深一日。对一人如是，对团体亦然；对本国如是，对外国亦然。以是而立于生存竞争最剧最烈之场，吾不知如何而可也。

大抵中国善言仁，而泰西善言义。仁者，人也。我利人，人亦利我，是所重者常在人也。义者，我也。我不害人，而亦不许人之害我，是所重者常在我也。此二德果孰为至乎？在千万年后大同太平之世界吾不敢言。若在今日，则义也者，诚救时之至德要道哉。夫出吾仁以仁人者，虽非侵人自由，而待仁于人者，则是放弃自由也。仁焉者多，则待仁于人者亦必多，其弊可以使人格日趋于卑下。欧西百年前，以施济贫民为政府之责任，而贫民日以多。后悟此理，厘而裁之，而民反殷富焉。君子爱人以德，不闻以姑息。故使人各能自立而不倚赖他人者上也。若曰吾举天下人而仁之，毋乃降斯人使下己一等乎。若是乎仁政者，非政体之至焉者也。吾中国人惟日望仁政于其君上也。故遇仁焉者，则为之婴儿；遇不仁焉者，则为之鱼肉。古今仁君少而暴君多，故吾民自数千年来祖宗之遗传，即以受人鱼肉为天经地义，而权利二字之识想，断绝于吾人脑质中者固已久矣。

杨朱曰："人人不损一毫，人人不利天下，天下治矣。"吾畴昔最深恶痛恨其言，由今思之，盖亦有所见焉矣。其所谓人人不利天下，固公德之蟊贼；其所谓人人不损一毫，抑亦权利之保障也。《列子·杨朱篇》记杨徒孟孙阳与墨徒禽滑厘问答之言，云："孟孙阳难禽子曰：'有侵若肌肤获万金者，为之乎？'曰：'为之。'孟孙阳曰：'有断若一节，得一国，子为之乎？'禽子默然有间。孟孙阳曰：'一毛微于肌肤，肌肤微于一节，省矣。然则积一毛以成肌肤，积肌肤以成一节，一毛固一体万分中之一物，奈何轻之乎？'"此语与前所引英人争数喜林之事，及为一方里地而构兵之事，正同一理。盖哲学开派一大师之言，其持论必有所根据，非徒放诞纵乐而已；不然，其言何以能盈天下，而与儒、墨鼎足为三也。然则杨朱者，实主张权利之哲学家，而亦中国救时一良方也。不过其论有杂驳焉者耳。夫人虽至鄙吝，至不肖，亦何至爱及一毫？而顾龂龂焉争之者，非争此一毫，争夫人之损我一毫所有权也。所有权即主权。是推权利思想充类至义之尽者也。一部分之权利，合之即为全体之权利。一私人之权利思想，积之即为一国家之权利思想。故欲养成此思想，必自个人始。人人皆不肯损一毫，则亦谁复敢撄他人之锋而损其一毫者。故曰：天下治矣。非虚言也。西哲名言曰："人人自由，而以他人之自由为界。"实即人人不损一毫之义也。不过其语有完有不完者耳。虽然，杨朱非能解权利之真相者也。彼知权利当保守而勿失，而不知权利以进取而始生。放逸也，偷乐也，任运也，厌世也，皆杀权利之刽子手也，而杨朱日昌言之。以是求权利，则何异饮鸩以祈永年也？此吾中国所以虽盛行杨学，而惟熏染其人人不利天下之流毒，而不能实行其人人不损一毫之理想也。权利思想薄弱使然也。

权利思想者。非徒我对于我应尽之义务而已，实亦一私人对于一公群应尽之义务也。譬之两阵交绥，同队之人，皆赌生命以当公敌，而一人独贪安逸，避竞争，曳兵而走焉。此人之牺牲其名誉，不待言矣。而试思此人何以能幸保首领，且其祸仍未延及于全群者，毋亦恃同队之人，有代己而抗敌者耳。使全军将卒，皆与此怯夫同流，望风争逃，则此怯夫与其群，非悉为敌所屠而同归于尽不止也。彼一私人自抛弃其权利者，与此逃亡之弱卒何择也。不宁惟是，权利者，常受外界之侵害而无已时者也。故亦必常出内力之抵抗而无已时，然后权利始成立。抵抗力厚薄，即为权利强弱比例差。试更以前喻明之。夫以千人之队，则其间一卒之去就，微末亦甚矣。然使百人乃至数百人，脱队而逃，则其结果如何？其所余不逃之卒，必不可不加数倍之苦战，代此逃者而荷其负担，虽复忠勇义烈，而其力亦有所不逮矣。是何异逃者亲揕不逃者之胸而剚以刃也？夫权利之竞争，亦若是则已耳。为国民者协力各尽其分内竞争之责任，则侵压自不得行。设有苟免幸脱而避其冲者，是不啻对于国民全体而为叛逆也。何也？是使公敌增其力，而跳梁暴肆之所由行也。彼浅见者，以为一私人之放弃权利，不过其本身之受亏被害，而影响不及于他人，何其傎也？

权利竞争之不已，而确立之保障之者，厥恃法律。故有权利思想者，必以争立法权为第一要义。凡一群之有法律，无论为良为恶，而皆由操立法权之人制定之以自护其权利者也。强于权利思想之国民，其法律必屡屡变更，而日进于善。盖其始由少数之人，出其强权以自利；其后由多数之人，复出其强权相抵制，而亦以自利。余所著《饮冰室自由书》"论强权"一条参观。权利思想愈发达，则人人务为强者。强与强相遇，权与权相衡。于是平和善美之新法律乃成。

虽然，当新法律与旧法律相嬗之际，常为最剧最惨之竞争。盖一新法律出，则前此之凭借旧法律以享特别之权利者，必受异常之侵害。故倡议制新法律者，不啻对于旧有权力之人而下宣战书也。夫是以动力与反动力相搏，而大争起焉！此实生物天演之公例也。当此时也，新权利新法律之能成就与否，全视乎抗战者之力之强弱以为断，而道理之优劣不与焉。而此过渡时代，则倚旧者与倡新者，皆不可不受大损害。试一读欧美诸国法律发达史，如立宪政，废奴隶，释佣农，劳力自由，信教自由等，诸大法律，何一不自血风肉雨中薰浴而来？使倡之者有所偷，有所惮，有所姑息，而稍稍迁就于其间乎。则此退一步，彼进一步，而所谓新权利者，亦必终归于灭亡而已。吾中国人数千年来不识权利之为何状，亦未始不由迂儒煦煦之说阶之厉也。质而言之，则权利之诞生，与人类之诞生略同。分娩拆副之苦痛，势所不免。惟其得之也艰，故其护之也力。遂使国民与权利之间，其爱情一如母子之关系。母之生子也，实自以其性命为孤注，故其爱有非他人他事所能易者也。权利之不经艰苦而得者，如飞鸿之遗雏，猛鹯狡狐，时或得而攫之。若慈母怀中之爱儿，虽千百狐鹯，岂能褫也？故权利之薰浴于血风肉雨而来者，既得之后，而永不可复失焉。谓余不信，请观日本人民拥护宪法之能力，与英、美人民之能力相比较，其强弱之率何如矣？若是乎专言仁政者，果不足以语于立国之道。而人民之望仁政以得一支半节之权利者，实含有亡国民之根性，明矣。

夫专言仁政犹且不可，而虐政更何论焉！大抵人生之有权利思想也，天赋之良知良能也。而其或强或弱，或隐伏或澌亡，至不齐者何也？则常缘其国家之历史政治之浸润以为差。孟子牛山之喻，先我言之矣。非无萌蘖，牛羊又从而牧之，是以若彼濯濯也。历览东西古今亡国之史乘，其始非无一二抵抗暴制以求自由者，一锄之，三四锄之，渐萎靡，渐衰颓，渐销铄；久之而猛烈沉浓之权利思想，愈制而愈驯，愈冲而愈淡，乃至回复之望绝，而受羁受轭，以为固然。积之数十年数百年，每下愈况，而常至澌亡。此固由其人民能力之薄弱，而政府之罪，又乌可逭也？夫此等政府，岂尝有一焉能嗣续其命脉以存于今日者？即有一二，亦不过风烛残年，旦夕待死而已。政府以此道杀人，毋乃适为自杀之利刃乎！政府之自杀，己作之而己受之，其又奚尤？顾所最痛者，其祸乃延及于国家全体而不能救也。

国民者一私人之所结集也。国权者，一私人之权利所团成也。故欲求国民之思想之感觉之行为。舍其分子之各私人之思想、感觉、行为，而终不可得见。其民强者谓之强国；其民弱者谓之弱国。其民富者谓之富国；其民贫者谓之贫国。其民有权者谓之有权国；其民无耻者谓之无耻国。夫至以无耻国三字成一名词，而犹欲其国之立于天地，有是理耶？有是理耶？其能受阉宦差役之婪索一钱而安之者，必其能受外国之割一省而亦安之者也。其能现奴颜婢膝，昏暮乞怜于权贵之间者，必其能悬顺民之旗，箪食壶浆以迎他族之师者也。譬之器然，其完固者，无论何物，不能渗也。苟有穴焉，有罅焉，我能渗之，他人亦能渗之。夫安知乎虐政所从入之门，乃即外寇所从入之门也。挑邻妇而利其从我，及为我妇，则欲其为我詈人，安可得也？平昔之待其民也，鞭之挞之，敲之削之，戮之辱之。积千数百年霸者之余威，以震荡摧锄天下之廉耻，既殄既狝既夷。一旦敌国之艨艟麕集于海疆，寇仇之貔貅迫临于城下，而后欲藉人民之力以捍卫是而纲维是，是何异不胎而求子，蒸沙而求饭也。嗟夫嗟夫！前车之覆者，不知几何矣，而独不解丁兹阳九者，曾一自审焉否也？

重为言曰：国家譬犹树也；权利思想，譬犹根也。其根既拔，虽复干植崔嵬，华叶蓊郁，而必归于槁亡。遇疾风横雨，则摧落更速焉。即不尔，而旱暵之所暴炙，其萎黄凋敝，亦须时耳。国民无权利思想者以之挡外患，则槁木遇风雨之类也。即外患不来，亦遇旱暵之类。吾见夫全地球千五兆生灵中，除印度、非洲、南洋之黑蛮外，其权利思想之薄弱，未有吾国人若者也。孟子有言：“逸居而无教，则近于禽兽。”若取罗马法之法理，而以论理解释之，则岂惟近法而已？一国之大，而仅有四万万禽兽居焉，天下之可耻，孰过是也？我同胞其耻之乎？为政治家者，以勿摧压权利思想为第一义。为教育家者，以养成权利思想为第一义。为一私人者，无论士焉农焉工焉商焉男焉女焉，各以自坚持权利思想为第一义。国民不能得权利于政府也，则争之。政府见国民之争权利也，则让之。欲使吾国之国权与他国之国权平等，必先使吾国中人人固有之权皆平等，必先使吾国民在我国所享之权利与他国民在彼国所享之权利相平等。若是者国庶有瘳，若是者国庶有瘳！

# 第九节　论自由

“不自由，毋宁死。”斯语也，实十八九两世纪中，欧美诸国民所以立国之本原也。自由之义，适用于今日之中国乎？曰：自由者，天下之公理，人生之要具，无往而不适用者也。虽然，有真自由，有伪自由；有全自由，有偏自由；有文明之自由，有野蛮之自由。今日自由云自由云之语，已渐成青年辈之口头禅矣。新民子曰：“我国民如欲永享完全文明真自由之福也，不可不先知自由之为物果何如矣。”请论自由。

自由者，奴隶之对待也。综观欧美自由发达史，其所争者不出四端：一曰政治上之自由，二曰宗教上之自由，三曰民族上之自由，四曰生计上之自由。即日本所谓经济上自由。政治上之自由者，人民对于政府而保其自由也。宗教上之自由者，教徒对于教会而保其自由也。民族上之自由者，本国对于外国而保其自由也。生计上之自由者，资本家与劳力者相互而保其自由也。而政治上之自由，复分为三：一曰平民对于贵族而保其自由，二曰国民全体对于政府而保其自由，三曰殖民地对于母国而保其自由是也。自由之征诸实行者，不外是矣。

以此精神，其所造出之结果，厥有六端：（一）四民平等问题：凡一国之中，无论何人，不许有特权，特别之权利与齐民异者。是平民对于贵族所争得之自由也。（二）参政权问题：凡生息于一国中者，苟及岁而即有公民之资格，可以参与一国政事，是国民全体对于政府所争得之自由也。（三）属地自治问题：凡人民自殖于他土者，得任意自建政府，与其在本国时所享之权利相等；是殖民地对于母国所争得之自由也。（四）信仰问题：人民欲信何教，悉由自择，政府不得以国教束缚干涉之，是教徒对于教会所争得之自由也。（五）民族建国问题：一国之人，聚族而居，自立自治，不许他国若他族握其主权，并不许干涉其毫末之内治，侵夺其尺寸之土地，是本国人对于外国所争得之自由也。（六）工群问题：日本谓之劳动问题，或社会问题。凡劳力者，自食其力，地主与资本家，不得以奴隶畜之，是贫民对于素封者所争得之自由也。试通览近世三四百年之史记，其智者敝口舌于庙堂，其勇者涂肝脑于原野，前者仆，后者兴，屡败而不悔，弗获而不措者，其所争岂不以此数端耶？其所得岂不在此数端耶？试一述其崖略。

昔在希腊罗马之初政，凡百设施，谋及庶人。共和自治之制，发达盖古。然希腊纯然贵族政体，所谓公民者，不过国民中一小部分，而其余农工商及奴隶，非能一视也。罗马所谓公民，不过其都会中之拉丁民族，而其攻取所得之属地，非能一视也。故政治上之自由，虽远滥觞于希腊，然贵族之对平民也，母国之对属地也，本国人之对外国也，地主之对劳力者也，其种种侵夺自由之弊，亦自古然矣。及耶稣教兴，罗马帝国立，而宗教专制政治专制乃大起。中世之始，蛮族猖披，文化蹂躏，不待言矣。及其末也，则罗马皇帝与罗马教皇，分司全欧人民之躯壳、灵魂两界，生息于肘下而不能自拔。故中世史者，实泰西之黑暗时代也。及十四五世纪以来，马丁路得兴，一抉旧教藩篱，思想自由之门开，而新天地始出现矣。尔后二三百年中，列国或内争，或外伐，原野餍肉，溪谷填血，天日惨淡，神鬼苍黄，皆为此一事而已。此为争宗教自由时代。及十七世纪，格林威尔起于英。十八世纪，华盛顿兴于美，未几而法国大革命起，狂风怒潮，震撼全欧。列国继之，云滃水涌，遂使地中海以西，亘于太平洋东岸，无一不为立宪之国。加拿大、澳洲诸殖民地，无一不为自治之政。直至今日，而其机未止。此为争政治自由时代。自十六世纪，荷兰人求脱西班牙之轭，奋战四十余年。其后诸国踵兴，至十九世纪，而民族主义磅礴于大地。伊大利、匈加利之于奥大利，爱尔兰之于英伦，波兰之于俄、普、奥三国，巴干半岛诸国之于土耳其，以至现今波亚之于英，菲律宾之于美，所以死亡相踵而不悔者，皆曰非我种族，不得有我主权而已。虽其所向之目的，或达或不达，而其精神一也。此为争民族自由时代。民族自由与否，大半原于政治，故此二者其界限常相混。前世纪十九。以来，美国布禁奴之令，俄国废农佣之制，生计界大受影响。而廿、卅年来，同盟罢工之事，所在纷起。工厂条例，陆续发布。自今以往，此问题遂将为全地球第一大案。此为争生计自由时代。凡此诸端，皆泰西四百年来改革进步之大端，而其所欲以去者，亦十之八九矣。噫嘻！是遵何道哉？皆“不自由毋宁死”之一语，耸动之，鼓舞之，出诸壤而升诸霄，生其死而肉其骨也。於戏！璀璨哉！自由之花。於戏！庄严哉！自由之神。

今将近世史中争自由之大事，列一年表如下：

| | | |
|---|---|---|
| 1532年 | 旧教徒与新教徒结条约许信教自由 | 宗教上之自由 |
| 1524年 | 瑞士信新教诸市府始联合行共和政 | 宗教上之自由 |
| 1536年 | 丁抹国会始定新教为国教 | 宗教上之自由 |
| 1570年 | 法国内讧暂息，新教徒始自由 | 宗教上之自由 |
| 1598年 | 法国许新教徒以参政权 | 宗教上之自由 |
| 1648年 | 荷兰与西班牙积四十年苦战始得自立 | 民族上之自由亦因宗教 |
| 1618至1648年 | 西班牙、佛兰西、瑞典、日耳曼、丁抹等国连兵不止，卒定新旧教同享平等权利 | 宗教上之自由 |
| 1649年 | 英民弑其王查理士第一，行共和政 | 政治上之自由 |
| 1776年 | 北美合众国布告独立 | 政治上之自由（殖民地之关系） |
| 1789年 | 法国大革命起 | 政治上之自由（贵族平民之关系） |
| 1822年 | 墨西哥独立 | 政治上之自由（殖民地之关系） |
| 1819至1823年 | 南美洲诸国独立 | 政治上之自由（殖民地之关系） |
| 1832年 | 英国改正选举法 | 政治上之自由（殖民地之关系） |
| 1833年 | 英国布禁奴令于殖民地 | 生计上之自由 |
| 1848年 | 法国第二次革命 | 生计上之自由 |

续　表

| | | |
|---|---|---|
| 1848年 | 奥国维也纳革命起 | 生计上之自由 |
| 1848年 | 匈加利始立新政府，次年奥匈开战 | 民族上之自由 |
| 1848年 | 意大利革命起 | 民族上之自由 |
| 1848年 | 日耳曼谋统一不成 | 民族上之自由 |
| 1848年 | 意大利、瑞士、丁抹、荷兰发布宪法 | 政治上之自由 |
| 1861年 | 俄国解放隶农 | 生计上之自由 |
| 1863年 | 希腊脱土耳其自立 | 民族上之自由 |
| 1863年 | 波兰人拒俄乱起 | 民族上之自由 |
| 1863年 | 美国因禁奴事南北相争 | 民族上之自由 |
| 1867年 | 北德意志联邦成 | 民族上与政治上之自由 |
| 1870年 | 法国第三次革命 | 政治上之自由 |
| 1871年 | 意大利统一成功 | 民族上与政治上之自由 |
| 1875至1878年 | 土耳其所属门的内哥、塞尔维亚、赫斯戈伟纳等国皆起倡独立 | 民族上与宗教上之自由 |
| 1881年 | 俄皇亚历山大第二将布宪法，旋为虚无党所弑 | 政治上之自由 |
| 1882年 | 美国大同盟罢工起，此后各国有之，岁岁不绝 | 生计上之自由 |
| 1889年 | 巴西独立，行共和政 | 政治上之自由（殖民地之关系） |
| 1893年 | 英国布爱尔兰自治案 | 民族上之自由 |
| 1899年 | 菲律宾与美国战 | 民族上之自由 |
| 1899年 | 波亚与英国战 | 民族上之自由 |
| 1901年 | 澳洲自治联邦成 | 政治上之自由 |

由此观之，数百年来世界之大事，何一非以自由二字为之原动力者耶？彼民之求此自由也，其时不同，其国不同，其所需之

种类不同；故其所来者亦往往不同。要其用诸实事而非虚谈，施诸公敌而非私利一也。试以前所列之六大问题，覆按诸中国。其第一条四民平等问题，中国无有也。以吾自战国以来，即废世卿之制，而阶级陋习，早已消灭也。其第三条属地自治问题，中国无有也。以其无殖民地于境外也。其第四条信仰问题，中国更无有也。以吾国非宗教国，数千年无教争也。其第六条工群问题，他日或有之，而今则尚无有也。以其生计界尚沉滞，而竞争不剧烈也。然则今日吾中国所最急者，惟第二之参政问题，与第四之民族建国问题而已。此二者事本同源，苟得其乙，则甲不求而自来。苟得其甲，则乙虽弗获，犹无害也。若是夫吾侪之所谓自由，与其所以求自由之道，可以见矣。

自由之界说曰："人人自由，而以不侵人之自由为界。"夫既不许侵人自由，则其不自由亦甚矣。而顾谓此为自由之极则者何也？自由云者，团体之自由，非个人之自由也。野蛮时代个人之自由胜，而团体之自由亡。文明时代团体之自由强，而个人之自由灭。斯二者盖有一定之比例，而分毫不容忒者焉。使其以个人之自由为自由也，则天下享自由之福者，宜莫今日之中国人若也。绅士武断于乡曲，受鱼肉者莫能抗也。驵商逋债而不偿，受欺骗者莫能责也。夫人人皆可以为绅士，人人皆可以为驵商，则人人之自由亦甚矣。不宁惟是，首善之区，而男妇以官道为圊牏，何其自由也。市邑之间，而老稚以鸦片为菽粟，何其自由也。若在文明国，轻则罚锾，重则输城旦矣。诸类此者，若悉数之，则更十仆而不能尽。由是言之，中国人自由乎？他国人自由乎？顾识者揭橥自由之国，不于此而于彼者何也？野蛮自由，正文明自由之蟊贼也。

文明自由者，自由于法律之下。其一举一动，如机器之节腠；其一进一退，如军队之步武。自野蛮人视之，则以为天下之不自由，莫此甚也。夫其所以必若是者何也？天下未有内不自整，而能与外为竞者。外界之竞争无已时，则内界之所以团其竞争之具者，亦无已时。使滥用其自由，而侵他人之自由焉，而侵团体之自由焉。则其群固已不克自立，而将为他群之奴隶，夫复何自由之能几也？故真自由者必能服从。服从者何？服法律也。法律者，我所制定之，以保护我自由，而亦以箝束我自由者也。彼英人是已。天下民族中，最富于服从性质者，莫如英人。其最享自由幸福者，亦莫如英人。夫安知乎服从之即为自由母也？嗟夫！今世少年，莫不嚣嚣言自由矣。其言之者，固自谓有文明思想矣。曾不审夫泰西之所谓自由者，在前此之诸大问题，无一役非为团体公益计，而决非一私人之放恣桀骜者所可托以藏身也。今不用之向上以求宪法，不用之排外以伸国权，而徒耳食一二学说之半面，取便私图，破坏公德，自返于野蛮之野蛮。有规语之者，犹敢腼然抗说曰："吾自由！吾自由！"吾甚惧乎"自由"二字，不徒为专制党之口实，而实为中国前途之公敌也。

"爱"主义者，天下之良主义也。有人于此汲汲务爱己，而曰我实行爱主义可乎？"利"主义者，天下之良主义也。有人于此，孳孳务利己，而曰我实行利主义可乎？"乐"主义者，亦天下之良主义也。有人于此，媞媞务乐己，而曰我实行乐主义，可乎？故凡古贤今哲之标一宗旨以易天下者，皆非为一私人计也。身与群校，群大身小。诎身伸群，人治之大经也。当其二者不兼之际，往往不爱己、不利己、不乐己，以达其爱群利群乐群之实者有焉矣。佛言："我不入地狱，谁入地狱？"佛之说法，岂非欲使众生脱离地狱者耶？而其下手，必自亲入地狱始。若是乎有志之士，其必悴其形焉，困衡其心焉，终身自栖息于不自由之天地，然后能举其所爱之群与国而自由之也，明矣。今世之言自由者，不务所以进其群其国于自由之道，而惟于薄物细故日用饮食，龂龂然主张一己之自由。是何异箪豆见色，而曰我通功利派之哲学，饮博无赖，而曰我循快乐派之伦理也。《战国策》言："有学儒三年，归而名其母者。"吾见夫误解自由之义者，有类于是焉矣。

然则自由之义，竟不可行以个人乎？曰：恶是何言？团体自由者，个人自由之积也。人不能离团体而自生存，团体不保其自由，则将有他团焉自外而侵之，压之，夺之，则个人之自由更何有也？譬之一身，任口之自由也，不择物而食焉，大病浸起，而口所固有之自由亦失矣。任手之自由也，持挺而杀人焉，大罚浸至，而手所固有之自由亦失矣。故夫一饮一食，一举一动，而皆若节制之师者，正百体所以各永保其自由之道也。此犹其与他人他体相交涉者，吾请更言一身自由之事。

一身自由云者，我之自由也。虽然，人莫不有两我焉：其一与众生对待之我，昂昂七尺，立于人间者是也。其二则与七尺对待之我，莹莹一点存于灵台者是也。孟子曰："物交物，则引之而已矣。"物者，我之对待也。上物指众生，下物指七尺（即耳目之官）要之，皆物而非我也。我者何？心之官是已。先立乎其大者，则其小者不能夺也。惟我为大。而两界之物皆小也。小不夺大，则自由之极轨焉矣。是故人之奴隶我，不足畏也，而莫痛于自奴隶于人。自奴隶于人犹不足畏也，而莫惨于我奴隶于我。庄子曰："哀莫大于心死，而身死次之。"吾亦曰："辱莫大于心奴，而身奴斯为末矣。"夫人强迫我以为奴隶者，吾不乐焉，可以一旦起而脱其绊也，十九世纪各国之民变是也。以身奴隶于人者，他人或触于慈祥焉，或迫于正义焉，犹可以出我水火而苏之也，美国之放黑奴是也。独至心中之奴隶，其成立也，非由他力之所得加；其解脱也，亦非由他力之所得助。如蚕在茧，着着自缚；如膏在釜，日日自煎。若有欲求真自由者乎，其必自除心中之奴隶始。

吾请言心奴隶之种类，而次论所以除之之道。

一曰：勿为古人之奴隶也。古圣贤也，古豪杰也，皆尝有大功德于一群。我辈爱而敬之，宜也。虽然，古人自古人，我自我，彼古人之所以能为圣贤为豪杰者，岂不以其能自有我乎哉？使不尔者，则有先圣无后圣，有一杰无再杰矣。譬诸孔子诵法尧舜，我辈诵法孔子，曾亦思孔子所以能为孔子，彼盖有立于尧舜之外者也。使孔子而为尧舜之奴隶，则百世后必无复有孔子者存也。闻者骇吾言乎？盍思乎世运者进而愈上，人智者浚而愈莹。虽有大哲，亦不过说法以匡一时之弊，规当世之利，而决不足以范围千百万年以后之人也。泰西之有景教也，其在中古，曷尝不为一世文明之中心点。逮夫末流，束缚驰骤，不胜其敝矣。非有路得、倍根、笛卡儿、康德、达尔文、弥勒、赫胥黎诸贤起而附益之匡救之，夫彼中安得有今日也？中国不然，于古人之言论行事，非惟辨难之辞不敢出于口，抑且怀疑之念，不敢萌于心。夫心固我有也。听一言，受一义，而曰我思之！我思之！若者我信之，若者我疑之。夫岂有刑戮之在其后也？然而举世之人，莫敢出此。吾无以譬之，譬之义和团。义和团法师之被发仗剑，踽步，念念有词也。听者苟一用其思索焉，则其中自必有可疑者存。而信之者竟遍数省，是必其有所慑焉，而不敢涉他想者矣。否则有所假焉，自欺欺人以逞其狐威者矣。要之，为奴隶于义和团一也。吾为此譬，非敢以古人比义和团也。要之，四书六经之义理，其非一一可以适于今日之用，则虽临我以刀锯鼎镬，吾犹敢断言而不惮也。而世之委身以嫁古人，为之荐枕席而奉箕帚者，吾不知其与彼义和团之信徒果何择也？我有耳目，我物我格；我有心思，我理我穷。高高山顶立，深深海底行；其于古人也，吾时而师之，时而友之，时而敌之，无容心焉。以公理为衡而已。自由何如也！

二曰：勿为世俗之奴隶也。甚矣！人性之弱也。“城中好高髻，四方高一尺；城中好广袖，四方全幅帛。”古人夫既谣之矣。然曰乡愚无知，犹可言也，至所谓士君子者，殆又甚焉！当晚明时，举国言心学，全学界皆野狐矣。当乾嘉间，举国言考证，全学界皆蠹鱼矣。然曰岁月渐迁，犹可言也。至如近数年来，丁戊之间，举国慕西学若膻，己庚之间，举国避西学若厉，今则厉又为膻矣。夫同一人也，同一学也，而数年间可以变异若此，无他，俯仰随人，不自由耳。吾见有为猴戏者，跳焉则群猴跳，掷焉则群猴掷，舞焉则群猴舞，笑焉则群猴笑，哄焉则群猴阋，怒焉则群猴骂。谚曰："一犬吠影，百犬吠声。"悲哉！人秉天地清淑之气以生，所以异于群动者安在乎？胡自污蔑以与猴犬为伦也。夫能铸造新时代者上也。即不能，而不为旧时代所吞噬所汩沉，抑其次也。狂澜滔滔，一柱屹立；醉乡梦梦，灵台昭然，丈夫之事也。自由何如也！

三曰：勿为境遇之奴隶也。人以一身立于物竞界，凡境遇之围绕吾旁者，皆日夜与吾相为斗而未尝息者也。故战境遇而胜之者则立，不战而为境遇所压者则亡。若是者，亦名曰天行之奴隶。天行之虐，逞于一群者有然，逞于一人者亦有然。谋国者而安于境遇也，则美利坚可无独立之战，匈加利可无自治之师，日耳曼、意大利可以长此华离破碎，为虎狼奥之附庸也。使谋身者而安于境遇也，则贱族之的士礼立，英前宰相与格兰斯顿齐名者，本犹太人。犹太人在英视为最贱之族。何敢望挫俄之伟勋？蛋儿之林肯，前美国大统领，渔人子也，少极贫。何敢企放奴之大业？而西乡隆盛当以患难易节，玛志尼当以窜谪灰心也。吾见今日所谓识时之彦者，开口辄曰："阳九之厄，劫灰之运，天亡中国，无可如何！"其所以自处者，非贫贱而移，则富贵而淫。其最上者，遇威武而亦屈也。一事之挫跌，一时之潦倒，而前此权奇磊落不可一世之概，销磨尽矣。咄！此区区者果何物？而顾使之操纵我心如转蓬哉？善夫！墨子非命之言也，曰："执有命者，是覆天下之义，而说百姓之谇也。"天下善言命者，莫中国人若，而一国之人，奄奄待死矣。有力不庸，而惟命是从。然则人也者，亦天行之刍狗而已，自动之机器而已，曾无一毫自主之权，可以达己之所志。则人之生也，奚为哉？奚乐哉？英儒赫胥黎曰："今者欲治道之有功，非与天争胜焉不可也。固将沉毅用壮，见大丈夫之锋颖，强立不反，可争可取而不可降。所遇善，固将宝而维之；所遇不善，亦无慑焉。"陆象山曰："利害毁誉，称讥苦乐，名曰八风。八风不动，入三摩地。"邵尧夫之诗曰："卷舒一代兴亡手，出入千重云水身。"眇兹境遇，曾不足以损豪杰之一脚指，而岂将入其笠也？自由何如也！

四曰：勿为情欲之奴隶也。人之丧其心也，岂由他人哉？孟子曰："向为身死而不受，今为宫室之美，妻妾之奉，所识穷乏者得我而为之，是亦不可以已乎？"夫诚可以已，而能已之者，百无一焉。甚矣！情欲之毒人深也。古人有言："心为形役。"形而为役，犹可愈也；心而为役，将奈之何？心役于他，犹可拔也；心役于形，将奈之何？形无一日而不与心为缘，则将终其生趑趄瑟缩于六根六尘之下，而自由权之萌蘖俱断矣。吾常见有少年岳岳荦荦之士，志愿才气，皆可以开拓千古，推倒一时。乃阅数年而馁焉，更阅数年而益馁焉。无他，凡有过人之才者，必有过人之欲。有过人之才，有过人之欲，而无过人之道德心以自主之，则其才正为其欲之奴隶。曾几何时，而消磨尽矣。故夫泰西近数百年，其演出惊天动地之大事业者，往往在有宗教思想之人。夫迷信于宗教而为之奴隶，固非足贵；然其借此以克制情欲，使吾心不为顽躯浊壳之所困，然后有以独往独来，其得力固不可诬也。日本维新之役，其倡之成之者，非有得于王学，即有得于禅宗。其在中国近世，勋名赫赫在人耳目者，莫如曾文正，试一读其全集，观其困知勉行，厉志克己之功何如。天下固未有无所养而能定大艰成大业者。不然，日日恣言曰："吾自由，吾自由。"而实为五贼佛典亦以五贼名五官。所驱遣，劳苦奔走以藉之兵而赍其粮耳。吾不知所谓自由者何在也？孔子曰："克己复礼为仁。"己者，对于众生称为己，亦即对于本心而称为物者也。所克者己，而克之者又一己。以己克己，谓之自胜。自胜之谓强。自胜焉，强焉，其自由何如也！

吁！自由之义，泰西古今哲人，著书数十万言剖析之，犹不能尽也。浅学如余，而欲以区区片言单语发明之，乌知其可？虽然，精义大理，当世学者，既略有述焉，吾故就团体自由、个人自由两义，刺取其浅近直捷者，演之以献于我学界。世有爱自由者乎？其慎勿毒自由以毒天下也。

# 第十节　论自治

治者何？不乱之谓。乱者何？不治之谓。此训诂其谁不能解。虽然，吾有味乎其言，吾有惕乎其言。

行其庭，草树凌乱然；入其室，器物狼藉然。若是者，虽未见其阋墙谇帚，吾知其家之必不治，不治斯谓乱家。过其野，有哄于墟者而莫之或解；适其邑，有溲于途者而莫之或禁。若是者，虽未见其干戈疾疠，吾知其国之必不治。不治斯谓乱国。饮食起居无定时，手足眉眼无定容，言语举动无定规。若是者，虽未见其失德败行，吾知其人之必不治，不治斯谓乱人。

天下事，乱固不可久也。己不能治，则必有他力焉起而代治之者。不自治则治于人，势所不可逃也。人之能治禽兽也，成人之能治小儿也，文明人之能治野蛮也，皆其无自治力使然也。人而无自治力，则禽兽也，非人也。藉曰人矣，而小儿也，非成人也。藉曰成人矣，野蛮之成人，非文明之成人也。

今天下最庞大最壮活之民族，莫如盎格鲁撒逊人。彼尝自夸曰："使吾英国民百人，与他国民百人，同时徙居于一地。不十年后，而英国之百人，粲然成一独立国。他国之百人，浑然如一盘散沙，受辖治于英人矣。”又曰：“彼半开在文野之间者谓之半开。野蛮之国土，虽其土著之民数百千万，吾英族但有一二人足迹蹈其地，不数十年，即为英藩矣。”吾征诸实事，吾信其所夸之不诬。不见夫北美一洲南洋群岛，其始本为西班牙、荷兰人所开辟，而今之享其利者，皆盎格鲁撒逊族乎？不见今日之印度，英人居者不及万，而使二万万之印人，戢戢如群羊乎？不见中国十八行省中，英人官商教士，统计来者不过四千人，而遍布要隘，俨若敌国乎？其所以如是者何也？世界中最富于自治力之民族，未有盎格鲁撒逊人若者也。

《书》曰：“节性惟日其迈。”荀子曰：“人之性恶也，其善者伪也。”节者何？制裁之义也。伪者何？人为之义也。伪，从人从为，杨注云：矫其本性也。谓凡非天性而人作为之者也。故夫人之性质，万有不齐，驳杂而无纪。苟顺是焉，则将横溢乱动，相龘相阋而不可以相群。于是不可不以人为之力，设法律而制裁之。然此法律者，非由外铄也，非有一人首出，制之以律群生也。盖发于人人心中良知所同然；以为必如是乃适于人道，乃足保我自由，而亦不侵人自由。故不待劝勉，不待逼迫，而能自置于规矩绳墨之间。若是者，谓之自治，自治之极者，其身如一机器然。一生所志之事业，若何而预备，若何而创始，若何而实行，皆自定之。一日之行事，某时操业，某时治事，某时接人，某时食，某时息，某时游，皆自定之。禀气之习惯，嗜欲之薰染，苟觉为害吾事业，戕吾德性者，克而治之，不少假借。一言一动，一颦一笑，皆常若有金科玉律以为之范围。一人如是，人人如是，于是乎成为群之自治。群之自治之极者，举其群如一军队然。进则齐进，止则齐止。一群之公律罔不守，一群之公益罔不趋，一群之公责罔不尽。如是之人，如是之群，而不能自强立于世界者，吾未之闻也。不如是焉，而能自强立于世界者，吾未之闻也。

或曰："机器者，无精神之物也；军队者，专制之体也。子乃以比于是者为美德，何也？且中国风俗，他事或不如人，至于规行矩步，绳尺束缚，正中国人受用最惯，受病最深之处。数千年来，霸者絷之，儒者仿之，人奄奄无生气久矣。而子犹欲扬其毒以毒将来，不亦甚乎？"应之曰："不然！机器，死物也，而有主其动力者。"古哲曰："天君泰然，百体从令。"夫能使其一身之起居动作如机器者，正其天君活泼自由之极者也。军队之形式专制也，而有其精神焉。一群如一军队，其军队之将帅，则群中人人之良心所结成的法律是也。故制则制矣，而不可谓之专。以其法律者出自众人，非出自一人。是人人为军队中之小卒，实无异人人为军队中之主帅也。故夫自治云者，与彼霸者之所束缚，儒者之所矜持，固有异焉矣。何也？彼则治于人，而此则自治也。且中国人何规矩绳尺之与有？人人言奉法，然国家有宪令，官吏且勿守，无论民氓也。人人言尊教，然圣贤有条训，士夫且勿遵，无论杂流也。《尧典》曰："天叙有典，天秩有礼。"秩叙者，一群所以团治之大原也。今试观我中国，朝野上下，其所谓秩叙者安在乎？望其官府，则魑魅魍魉所出没，黑暗诡僻，无复人道也。察其民间，则盗贼之薮，贪诈之府，与野蛮时代未立政府者，无以异也。何以故？以不能自治故。不能自治而待治于人，未能真治焉者也。

然则吾人今日所当务者可知矣。一曰：求一身之自治。凡古来能成大事者，必其自胜之力甚强者也。泰西人不必论，古人不必论，请言最近者。曾文正自其少年，有吸烟及晏起之病。后发心戒之。初常倔强，不能自克。而文正视之如大敌，必拔其根株而后已焉。彼其后此能歼十余年盘踞金陵之巨憝，正与其前此能歼十余年盘踞血气之积习，同一精神也。胡文忠在军，每日必读《通鉴》十页。曾文正在军，每日必填日记数条，读书数页，围棋一局。李文忠在军，每日晨起必临兰亭百字，终身以为常。自流俗人观之，岂不以为区区小节，无关大体乎。而不知制之有节，行之有恒，实为人身品格第一大事。善观人者每于此觇道力焉。□□□论陈蕃云："蕃不能扫除一室，而欲廓清天下。吾知其无能为矣。"此语适忘为谁氏之言，读者诸君如能记忆，望顺教我。著者附识。虽似过刻之言，实则中正之论也。泰西通例，凡来复日必休息，每日八点钟始治事，十二点而小憩。一点复治事，四五点而毕憩。举国上自君相官吏，下至贩夫屠卒，莫不皆然。作则举国皆作，息则举国皆息。是岂所谓如军队如机器者耶？于文经纬整列曰理，条段错紊曰乱。诚以中西人之日用起居相比较，其一理一乱相去何如矣？毋曰薄物细故，夫岂知今日之泰西，其能整然秩然举立宪之美政者，皆自此来也。孟德斯鸠云："法律者无终食之间而可离者也。凡人类文野之别，以其有法律无法律为差。于一国亦然，于一身亦然。"今吾中国四万万人，皆无法律之人也。群四万万无法律之人而能立国，吾未之前闻。然则岂待与西人相遇于硝云弹雨之中，而后知其胜败之数也？

一曰：求一群之自治。国有宪法，国民之自治也。州郡乡市有议会，地方之自治也。凡善良之政体，未有不从自治来也。一人之自治其身，数人或十数人之自治其家，数百数千人之自治其乡其市，数万乃至数十万、数百万、数千万、数万万人之自治其国。虽其自治之范围广狭不同，其精神则一也，一者何？一于法律而已。管子曰："乡与朝争治。"又曰："朝不合众，乡分治也。"西人言政者，谓莫要于国内小国。国内小国者，一省、一府、一州、一县、一乡、一市、一公司、一学校，莫不俨然具有一国之形。省、府、州、县、乡、市、公司、学校者，不过国家之缩图。而国家者，不过省、府、州、县、乡、市、公司、学校之放大影片也。故于其小焉者能自治，则其大焉者举而措之矣。不然者，则不得不仰治于人。仰治于人，则人之抚我也听之，人之虐我也亦听之；同族之豪强者据而专也听之，异族之横暴者终而夺也亦听之。如是，则人之所以为人之具，其涂地矣。抑彼西人之所以得此者何也？曰有制裁，有秩序，有法律，以为自治之精神也。真能自治者，他人欲干涉焉而不可得；不能自治者，他人欲无干涉焉而亦不可得也。此其事固有丝毫不容假借者。我国民仰治于人，数千年矣。几以此为天赋之义务，而莫敢萌他想。曾亦思本身之乐利，岂旁观者所能代谋？而当今之时局，又岂散漫者可以收拾也？

抑今士大夫言民权、言自由、言平等、言立宪、言议会、言分治者，亦渐有其人矣。而吾民将来能享民权自由平等之福与否，能行立宪议会分治之制与否，一视其自治力之大小、强弱、定、不定以为差。吾民乎！吾民乎！勿以此为细碎，勿以此为迂腐。勿徒以之责望诸团体，而先以之责望诸个人。吾试先举吾身而自治焉。试合身与身为一小群而自治焉。更合群与群为一大群而自治焉。更合大群与大群为一更大之群而自治焉。则一完全高尚之自由国、平等国、独立国、自主国出焉矣。而不然者，则自乱而已矣。自治与自乱，事不两存，势不中立，二者必居一于是。惟我国民自讼之，惟我国民自择之。

# 第十一节　论进步

## ——一名论中国群治不进之原因

泰西某说部，载有西人初航中国者，闻罗盘针之术之传自中国也，又闻中国二千年前即有之也。默忖此物入泰西，不过数纪，而改良如彼其屡，效用如彼其广。则夫母国数千年之所增长，更当何若？登岸后不遑他事，先入市购一具。乃问其所谓最新式者，则与历史读本中所载十二世纪时亚剌伯人传来之罗盘图，无累黍之异，其人乃废然而返云。此虽讽刺之寓言，实则描写中国群治濡滞之状，谈言微中矣。

吾昔读黄公度《日本国志》，好之，以为据此可以尽知东瀛新国之情状矣。入都见日使矢野龙溪，偶论及之。龙溪曰："是无异据明史以言今日中国之时局也。"余怫然，叩其说。龙溪曰："黄书成于明治十四年，我国自维新以来，每十年间之进步，虽前此百年不如也。然则二十年前之书，非明史之类，如何？"吾当时犹疑其言。东游以来，证以所见，良信。斯密亚丹《原富》称："元代时，有意大利人玛可波罗游支那，归而著书，述其国情，以较今人游记，殆无少异。”吾以为，岂惟玛氏之作，即《史记》《汉书》二千年旧籍，其所记载，与今日相去能几何哉？夫同在东亚之地，同为黄族之民，而何以一进一不进，霄壤若此？

中国人动言郅治之世在古昔，而近世则为浇末，为叔季，此其义与泰西哲学家进化之论最相反。虽然，非谰言也，中国之现状实然也。试观战国时代，学术蜂起或明哲理，或阐技术，而后此则无有也。两汉时代，治具粲然，宰相有责任，地方有乡官，而后此则无有也。自余百端，类此者不可枚举。夫进化者天地之公例也。譬之流水，性必就下；譬之抛物，势必向心。苟非有他人焉从而搏之，有他物焉从而吸之，则未有易其故常者。然则吾中国之反于彼进化之大例，而演出此凝滞之现象者，殆必有故。求得其故而讨论焉发明焉，则知病而药于是乎在矣。

论者必曰：“由于保守性质之太强也。”是固然也。虽然，吾国中人保守性质，何以独强？是亦一未解决之问题也。且英国人以善保守闻于天下，而万国进步之速，殆莫英若。又安见夫保守之必为群害也。吾思之，吾重思之。其原因之由于天然者有二，由于人事者有三。

一曰：大一统而竞争绝也。竞争为进化之母，此义殆既成铁案矣。泰西当希腊列国之时，政学皆称极盛。洎罗马分裂，散为诸国，复成近世之治，以迄于今，皆竞争之明效也。夫列国并立，不竞争则无以自存。其所竞者，非徒在国家也，而兼在个人。非徒在强力也，而尤在德智。分途并趋，人自为战，而进化遂沛然莫之能御。故夫一国有新式枪炮出，则他国弃其旧者恐后焉，非是不足以操胜于疆场也。一厂有新式机器出，则他厂亦弃其旧者恐后焉，非是不足以求赢于阛阓也。惟其然也，故不徒耻下人，而常求上人。昨日乙优于甲，今日丙驾于乙，明日甲还胜丙。互相傲，互相妒，互相师，如赛马然，如斗走然，如竞漕然。有横于前，则后焉者自不敢不勉；有蹑于后，则前焉者亦不敢即安。此实进步之原动力所由生也。中国惟春秋战国数百年间，分立之运最久，而群治之进，实以彼时为极点。自秦之后，一统局成，而为退化之状者，千余年于今矣。岂有他哉？竞争力销乏使然也。

二曰：环蛮族而交通难也。凡一社会与他社会相接触，则必产出新现象，而文明遂进一步。上古之希腊殖民，近世之十字军东征，皆其成例也。然则统一非必为进步之障也。使统一之于内，而交通之于外，则其飞跃或有更速者也。中国环列皆小蛮夷，其文明程度，无一不下我数等。一与相遇，如汤沃雪。纵横四顾，常觉有上天下地唯我独尊之概。始而自信，继而自大，终而自画。至于自画，而进步之途绝矣。不宁惟是，所谓诸蛮族者，常以其牛羊之力，水草之性，来破坏我文明。于是所以抵抗之者，莫急于保守我所固有。中原文献，汉官威仪，实我黄族数千年来战胜群裔之精神也。夫外之既无可师法以为损益之资；内之复不可不兢兢保持，以为自守之具。则其长此终古也亦宜！

以上由于天然者。

三曰：言文分而人智局也。文字为发明道器第一要件，其繁简难易，常与民族文明程度之高下为比例差。列国文字，皆起于衍形。及其进也，则变而衍声。夫人类之语言，递相差异，经千数百年后，而必大远于其朔者，势使然也。故衍声之国，言文常可以相合；衍形之国，言文必日以相离。社会之变迁日繁，其新现象、新名词必日出；或从积累而得，或从交换而来。故数千年前一乡一国之文字，必不能举数千年后万流汇沓群族纷拏时代之名物意境而尽载之尽描之。此无可如何者也。

言文合，则言增而文与之俱增，一新名物新意境出，而即有一新文字以应之，新新相引，而日进焉。言文分，则言日增而文不增，或受其新者而不能解，或解矣而不能达。故虽有方新之机，亦不得不窒，其为害一也。言文合，则但能通今文者，已可得普通之智识，其古文之学，如泰西之希腊、罗马文字。待诸专门名家者之讨求而已。故能操语言者即能读书，而人生必需之常识，可以普及。言文分，则非多读古书通古义，不足以语于学问。故近数百年来学者，往往瘁毕生精力于说文、尔雅之学，无余裕以从事于实用。夫亦有不得不然者也，其为害二也。且言文合而主衍声者，识其二三十之字母，通其连缀之法，则望文而可得其音，闻音而可解其义。言文分而主衍形者，则《苍颉篇》三千字，斯为字母者三千。《说文》九千字，斯为字母者九千。《康熙字典》四万字，斯为字母者四万。夫学二三十之字母，与学三千、九千、四万之字母，其难易相去何如？故泰西、日本，妇孺可以操笔札，车夫可以读新闻。而吾中国或有就学十年，而冬烘之头脑如故也，其为害三也。

夫群治之进，非一人所能为也。相摩而迁善，相引而弥长。得一二之特识者，不如得百千万亿之常识者，其力逾大，而效逾彰也。我国民既不得不疲精力以学难学之文字，学成者固不及什一，即成矣，而犹于当世应用之新事物、新学理多所隔阂，此性灵之浚发所以不锐，而思想之传播所以独迟也。

四曰：专制久而民性漓也。天生人而赋之以权利，且赋之以扩充此权利之智识，保护此权利之能力，故听民之自由焉，自治焉，则群治必蒸蒸日上。有桎梏之戕贼之者，始焉窒其生机，继焉失其本性，而人道乃几乎息矣。故当野蛮时代，团体未固，人智未完，有一二豪杰起而代其责，任其劳，群之利也。过是以往，久假不归，则利岂足以偿其弊哉？譬之一家一廛之中，家长之待其子弟，廛主之待其伴佣，皆各还其权利而不相侵，自能各勉其义务而不相佚。如是而不浡焉以兴，吾未之闻也！不然者，役之如奴隶，防之如盗贼，则彼亦以奴隶盗贼自居。有可以自逸可以自利者，虽牺牲其家其廛之公益以为之，所不辞也。如是而不萎焉以衰，吾未之闻也。故夫中国群治不进，由人民不顾公益使然也。人民不顾公益，由自居于奴隶盗贼使然也。其自居于奴隶盗贼，由霸者私天下为一姓之产而奴隶盗贼吾民使然也。善夫！立宪国之政党政治也。彼其党人，固非必皆秉公心禀公德也，固未尝不自为私名私利计也。虽然，专制国之求势利者，则媚于一人；立宪国之求势利者，则媚于庶人。媚一也，而民益之进不进，于此判焉。

政党之治，凡国必有两党以上。其一在朝，其他在野。在野党欲倾在朝党而代之也，于是自布其政策，以掊击在朝党之政策。曰使吾党得政，则吾所施设者如是如是。某事为民除公害，某事为民增公益。民悦之也，而得占多数于议院。而果与前此之在朝党易位，则不得不实行其所布之政策，以副民望而保大权，而群治进一级焉矣。前此之在朝党，既幡而在野。欲恢复其已失之权力也，又不得不勤察民隐，悉心布画，求更新更美之政策而布之曰，彼党之所谓除公害增公益者，犹未尽也。使吾党而再为之，则将如是如是，然后国家之前途愈益向上。民悦之也，而复占多数于议院，复与代兴之在朝党易位。而亦不得不实行其所布之政策，以副民望而保大权，而群治又进一级焉矣。如是相竞相轧，相增相长，以至无穷。其竞愈烈者，则其进愈速。欧美各国政治迁移之大势，大率由此也。是故无论其为公也，即为私焉，而其有造于国民固已大矣。

若夫专制之国，虽有一二圣君贤相，徇公废私，为国民全体谋利益。而一国之大，鞭长难及，其泽之真能遍逮者，固已希矣。就令能之，而所谓圣君贤相者，旷百世不一遇，而桓、灵、京、桧，项背相望于历史。故中国常语称“一治一乱”，又曰：“治日少而乱日多。”岂无萌蘖？其奈此连番之狂风横雨何哉？进也以寸，而退也以尺；进也以一，而退也以十，所以历千百年而每下愈况也。

五曰：学说隘而思想窒也。凡一国之进步，必以学术思想为之母，而风俗政治皆其子孙也。中国惟战国时代，九流杂兴，道术最广。自有史以来，黄族之名誉，未有盛于彼时者也。秦、汉而还，孔教统一。夫孔教之良，固也。虽然，必强一国人之思想使出于一途，其害于进化也莫大。自汉武表彰六艺，罢黜百家。凡非在六艺之科者绝勿进，尔后束缚驰骤，日甚一日。虎皮羊质，霸者假之以为护符；社鼠城狐，贱儒缘之以谋口腹，变本加厉，而全国之思想界销沉极矣。叙欧洲史者，莫不以中世史为黑暗时代，夫中世史则罗马教权最盛之时也。举全欧人民，其躯壳界则糜烂于专制君主之暴威，其灵魂界则匍伏于专制教主之缚轭。故非惟不进，而以较希腊罗马之盛时，已一落千丈强矣。今试读吾中国秦、汉以后之历史，其视欧州中世史何如？吾不敢怨孔教，而不得不深恶痛绝夫缘饰孔教，利用孔教，诬罔孔教者之自贼而贼国民也。

以上由于人事者。

夫天然之障，非人力所能为也，而世界风潮之所簸荡，所冲激，已能使吾国一变其数千年来之旧状。进步乎！进步乎！当在今日矣。虽然，所变者外界也，非内界也。内界不变，虽日烘动之鞭策之于外，其进无由。天下事无无果之因，亦无无因之果。我辈积数千年之恶因，以受恶果于今日。有志世道者，其勿遽责后此之果，而先改良今日之因而已。

新民子曰：吾不欲复作门面语，吾请以古今万国求进步者，独一无二不可逃避之公例，正告我国民。其例维何？曰：破坏而已。

不祥哉！破坏之事也。不仁哉！破坏之言也。古今万国之仁人志士，苟非有所万不得已，岂其好为俶诡凉薄、愤世嫉俗、快一时之意气，以事此事而言此言哉？盖当夫破坏之运之相迫也，破坏亦破坏，不破坏亦破坏。破坏既终不可免，早一日则受一日之福，迟一日则重一日之害。早破坏者，其所破坏可以较少，而所保安者自多。迟破坏者，其所破坏不得不益甚，而所保安者弥寡。用人力以破坏者，为有意识之破坏，则随破坏随建设。一度破坏，而可以永绝第二次破坏之根。故将来之乐利，可以偿目前之苦痛而有余。听自然而破坏者，为无意识之破坏，则有破坏，无建设。一度破坏之不已而至于再，再度不已而至于三。如是者可以历数百年千年，而国与民交受其病，至于鱼烂而自亡。呜呼！痛矣哉破坏。呜呼！难矣哉不破坏。

闻者疑吾言乎？吾请与读中外之历史。中古以前之世界，一脓血世界也。英国号称近世文明先进国，自一千六百六十年以后，至今二百余年无破坏。其所以然者，实自长期国会之一度大破坏来也。使其惮破坏，则安知乎后此之英国，不为十八世纪末之法兰西也？美国自一千八百六十五年以后，至今五十余年无破坏。其所以然者，实自抗英独立放奴战争之两度大破坏来也。使其惮破坏，则安知乎后此之美国，不为今日之秘鲁、智利、委内瑞辣、亚尔然丁也。欧洲大陆列国，自一千八百七十年以后，至今三十余年无破坏。其所以然者，实自法国大革命以来绵亘七八十年，空前绝后之大破坏来也。使其惮破坏，则安知乎今日之日耳曼、意大利不为波兰，今日之匈牙利及巴干半岛诸国不为印度，今日之奥大利不为埃及，今日之法兰西不为畴昔之罗马也。日本自明治元年以后，至今三十余年无破坏。其所以然者，实自勤王讨幕，废藩置县之一度大破坏来也。使其惮破坏，则安知乎今日之日本不为朝鲜也。

夫吾所谓二百年来、五十年来、三十年来无破坏云者，不过断自今日言之耳，其实则此诸国者，自今以往，虽数百年千年无破坏，吾所敢断言也。何也？凡破坏必有破坏之根原。孟德斯鸠曰："专制之国，其君相动曰辑和万民，实则国中常隐然含有扰乱之种子，是苟安也，非辑和也。"故扰乱之种子不除，则蝉联往复之破坏，终不可得免。而此诸国者，实以人力之一度大破坏，取此种子芟夷蕴崇之，绝其本根而勿使能殖也。故夫诸国者，自今以往，苟其有金革流血之事，则亦惟以国权之故，构兵于域外，容或有之耳。若夫国内相阋糜烂鼎沸之惨剧，吾敢决其永绝而与天地长久也。今我国所号称识时俊杰，莫不艳羡乎彼诸国者。其群治之光华美满也如彼，其人民之和亲康乐也如彼，其政府之安富尊荣也如彼。而乌知乎皆由前此之仁人志士，挥破坏之泪，绞破坏之脑，敝破坏之舌，秃破坏之笔，沥破坏之血，填破坏之尸，以易之者也。呜呼！快矣哉破坏。呜呼！仁矣哉破坏。

此犹仅就政治一端言之耳。实则人群中一切事事物物，大而宗教、学术、思想、人心、风俗，小而文艺、技术、名物，何一不经过破坏之阶段以上于进步之途也？故路得破坏旧宗教而新宗教乃兴，倍根、笛卡儿破坏旧哲学而新哲学乃兴，斯密破坏旧生计学而新生计学乃兴，卢梭破坏旧政治学而新政治学乃兴，孟德斯鸠破坏旧法律学而新法律学乃兴，歌白尼破坏旧历学而新历学乃兴。推诸凡百诸学，莫不皆然。而路得、倍根、笛卡儿、斯密、卢梭、孟德斯鸠、歌白尼之后，复有破坏路得、倍根、笛卡儿、斯密、卢梭、孟德斯鸠、歌白尼者。其破坏者，复有踵起而破坏之者。随破坏，随建设，甲乙相引，而进化之运，乃递衍于无穷。凡以铁以血而行破坏者，破坏一次则伤元气一次。故真能破坏者，则一度之后不复再见矣；以脑以舌而行破坏者，虽屡摧弃旧观，只受其利而不蒙其害。故破坏之事无穷，进步之事亦无穷。又如机器兴而手民之利益不得不破坏，轮舶兴而帆樯之利益不得不破坏；铁路电车兴而车马之利益不得不破坏，公司兴而小资本家之利益不得不破坏；“托辣士特”（Trust）兴而寻常小公司之利益不得不破坏。

当其过渡迭代之顷，非不酿妇叹童号之惨，极棼乱杌陧之观也。及建设之新局既定，食其利者乃在国家，乃在天下，乃在百年。而前此蒙破坏之损害者，亦往往于直接间接上得意外之新益。善夫西人之恒言曰：“求文明者，非徒须偿其价值而已，而又须忍其苦痛。”夫全国国民之生计，为根本上不轻摇动者，而当夫破坏之运之相代乎前也，犹且不能恤小害以掷大利，而况于害有百而利无一者耶？故夫欧洲各国自宗教改革后，而教会教士之利益被破坏也；自民立议会后，而暴君豪族之利益被破坏也；英国改正选举法，千八百三十二年。而旧选举区之特别利益被破坏也；美国布禁奴会，千八百六十五年。而南部素封家之利益被破坏也。此与吾中国之废八股而八股家之利益破坏；革胥吏而胥吏之利益破坏；改官制而宦场之利益被破坏，其事正相等。彼其所谓利者，乃偏毗于最少数人之私利，而实则陷溺大多数人之公敌也。谚有之：“一家哭何如一路哭。”于此而犹曰不破坏不破坏，吾谓其无人心矣。夫中国今日之事，何一非蠹大多数人而陷溺之者耶？而八股、胥吏、官制，其小焉者也。

欲行远者不可不弃其故步，欲登高者不可不离其初级。若终日沾滞呆立于一地，而徒望远而歆，仰高而羡，吾知其终无济也。若此者，其在毫无阻力之时，毫无阻力之地，而进步之公例，固既当如是矣。若夫有阻之者，则凿榛莽以辟之，烈山泽而焚之，固非得已。苟不尔，则虽欲进而无其路也。谚曰："螫蛇在手，壮士断腕。"此语至矣！不观乎善医者乎？肠胃症结，非投以剧烈吐泻之剂，而决不能治也；疮痈肿毒，非施以割剖洗涤之功，而决不能疗也。若是者，所谓破坏也。苟其惮之，而日日进参苓以谋滋补，涂珠珀以求消毒，病未有不日增而月剧者也。夫其所以不敢下吐泻者，虑其耗亏耳；所以不敢施割剖者，畏其苦痛耳。而岂知不吐泻，而后此耗亏将益多；不割剖而后此之苦痛将益剧。循是以往，非至死亡不止。夫孰与忍片刻而保百年，苦一部而养全体也？且等是耗亏也，等是苦痛也，早治一日，则其疮痍必较轻；缓治一日，则其疮痍必较重。此又理之至浅而易见者也，而谋国者乃昧焉！此吾之所不解也。

大抵今日谈维新者有两种：其下焉者，则拾牙慧，蒙虎皮，借此以为阶进之路。西学一八股也，洋务一苞苴也，游历一暮夜也。若是者固不足道矣！其上焉者，则固尝悴其容焉，焦其心焉，规规然思所以长国家而兴乐利者。至叩其术，最初则外交也，练兵也，购械也，制械也；稍进焉则商务也，开矿也，铁路也；进而至于最近，则练将也，警察也，教育也。此荦荦诸大端者，是非当今文明国所最要不可缺之事耶？虽然，枝枝节节而行焉，步步趋趋而摹仿焉，其遂可以进于文明乎？其遂可以置国家于不败之地乎？吾知其必不能也。何也？披绮罗于嫫母，只增其丑；施金鞍于驽骀，只重其负；刻山龙于朽木，只驱其腐；筑高楼于松壤，只速其倾；未有能济者也。

今勿一一具论，请专言教育。夫一国之有公共教育也，所以养成将来之国民也。而今之言教育者何如？各省纷纷设学堂矣，而学堂之总办提调，大率皆最工于钻营奔竞，能仰承长吏鼻息之候补人员也。学堂之教员，大率皆八股名家，弋窃甲第，武断乡曲之巨绅也。其学生之往就学也，亦不过曰："此时世妆耳。此终南径耳。"与其从事于闭房退院之诗云子曰，何如从事于当时得令之ABCD。考选入校，则张红燃爆有示宠荣，吾粤近考取大学堂学生者皆如是。资派游学，则苞苴请托以求中选。若此者，皆今日教育事业开宗明义第一章，而将来为一国教育之源泉者也。试问循此以往，其所养成之人物，可以成一国国民之资格乎？可以任为将来一国之主人翁乎？可以立于今日民族主义竞争之潮涡乎？吾有以知其必不能也。不能，则有教育如无教育，而于中国前途何救也？

请更征诸商务。生计界之竞争，是今日地球上一最大问题也。各国所以亡我者在此，我国之所以争自存者亦当在此。商务之当整顿，夫人而知矣。虽然，振兴商务，不可不保护本国工商业之权利。欲保护权利，不可不颁定商法。仅一商法不足以独立也，则不可不颁定各种法律以相辅。有法而不行，与无法等，则不可不定司法官之权限。立法而不善，弊更甚于无法，则不可不定立法权之所属。坏法者而无所惩，法旋立而旋废，则不可不定行法官之责任。推其极也，非制宪法，开议会，立责任政府，而商务终不可得兴。今之言商务者，漫然曰吾兴之，吾兴之而已。吾不知其所以兴之者持何术也？

夫就一二端言之，既已如是矣。推诸凡百，莫不皆然。吾故有以知今日所谓新法者之必无效也！何也？不破坏之建设，未有能建设者也。夫今之朝野上下，所以汲汲然崇拜新法者，岂不以非如是则国将危亡乎哉？而新法之无救于危亡也若此。有国家之责任者，当何择矣！

然则救危亡求进步之道将奈何？曰：必取数千年横暴混浊之政体，破碎而齑粉之，使数千万如虎如狼、如蝗如蝻、如蜮如蛆之官吏，失其社鼠城狐之凭借，然后能涤荡肠胃以上于进步之途也。必取数千年腐败柔媚之学说，廓清而辞辟之，使数百万如蠹鱼、如鹦鹉、如水母、如畜犬之学子，毋得摇笔弄舌，舞文嚼字，为民贼之后援，然后能一新耳目，以行进步之实也。而其所以达此目的之方法有二：一曰无血之破坏；二曰有血之破坏。无血之破坏者，如日本之类是也。有血之破坏者，如法国之类是也。中国如能为无血之破坏乎，吾馨香而祝之！中国如不得不为有血之破坏乎，吾衰绖而哀之！虽然，哀则哀矣，然欲使吾于此二者之外，而别求一可以救国之途，吾苦无以为对也。呜呼！吾中国而果能行第一义也，则今日其行之矣。而竟不能，则吾所谓第二义者遂终不可免。呜呼！吾又安忍言哉？呜呼！吾又安忍不言哉？

吾读宗教改革之历史，见夫二百年干戈云扰全欧无宁宇，吾未尝不颁蹙。吾读一千七百八十九年之历史，见夫杀人如麻，一日死者以十数万计，吾未尝不股栗！虽然，吾思之，吾重思之，国中如无破坏之种子，则亦已耳。苟其有之，夫安可得避？中国数千年以来历史，以天然之破坏相终始者也。远者勿具论，请言百年以来之事。乾隆中叶，山东有所谓教匪者王伦之徒起，三十九年平。同时有甘肃马明心之乱，据河州、兰州，四十六年平。五十一年，台湾林爽文起，诸将出征，皆不有功。历二年，五十二年。有福康安海兰察督师乃平。而安南之役又起，五十三年乃平。廊尔喀又内犯，五十九年乃平。而五十八年，诏天下大索白莲教首领不获；官吏以搜捕教匪为名，恣行暴虐，乱机满天下。五十九年，贵州苗族之乱遂作。嘉庆元年，白莲教遂大起于湖北，蔓延河南、四川、陕西、甘肃，而四川之徐天德、王三槐等，又各拥众数万起事，至七年乃平。八年，浙江海盗蔡牵又起，九年，与粤之朱濆合，十三年乃平。十四年，粤之郑乙又起，十五年乃平。同年，天理教徒李文成又起，十八年乃平。不数年，而回部之乱又起，凡历十余年，至道光十一年乃平。同时湖南之赵金龙又起，十二年平。天下凋敝之既极，始稍苏息，而鸦片战役又起矣。道光十九年，英舰始入广东。二十年，旋逼乍浦，犯宁波。廿一年，取舟山、厦门、定海、宁波、乍浦，遂攻吴淞，下镇江。廿二年，结南京条约乃平。而两广之伏莽，已遍地出没无宁岁。至咸丰元年，洪、杨遂乘之而起，蹂躏天下之半。而咸丰七年，复有英人入广东掳总督之事。九年，复有英、法联军犯北京之事。而洪氏据金陵凡十二年，至同治二年始平。而捻党犹逼京畿，危在一发，七年始平。而回部苗疆之乱犹未已，复血刃者数载。及其全平，已光绪三年矣。自同治九年天津教案起，尔后民教之哄，连绵不绝。光绪八年，遂有法国安南之役，十一年始平。二十年，日本战役起，廿一年始平。廿四年，广西李立亭、四川余蛮子起，廿五年始平。同年，山东义和团起，蔓延直隶，几至亡国，为十一国所挟，廿七年始平。今者二十八年之过去者，不过一百五十日耳。而广宗巨鹿之难，以袁军全力，历两月乃始平之。广西之难，至今犹蔓延三省，未知所届，而四川又见告矣。由此言之，此百余年间，我十八行省之公地，何处非以血为染？我四百余兆之同胞，何日非以肉为糜？前此既有然，而况乎继此以往？其剧烈将仟佰而未有艾也。昔人云："一惭之不忍，而终身惭乎？"吾亦欲曰："一破坏之不忍，而终古以破坏乎？"我国民试矫首一望，见夫欧、美、日本之以破坏治破坏，而永绝内乱之萌蘖也。不识亦曾有动于其心，而为临渊之羡焉否也？

且夫惧破坏者，抑岂不以爱惜民命哉？姑无论天然无意识之破坏，如前所历举内乱诸祸，必非煦煦孑孑之所能弭也。即使弭矣，而以今日之国体，今日之政治，今日之官吏，其以直接间接杀人者，每岁之数，又岂让法国大革命时代哉？十年前山西一旱，而死者百余万矣。郑州一决，而死者十余万矣。冬春之交，北地之民，死于冻馁者，每岁以十万计。近十年来，广东人死于疫疠者，每岁以数十万计。而死于盗贼，与迫于饥寒自为盗贼而死者，举国之大，每岁亦何啻十万？夫此等虽大半关于天灾乎，然人之乐有群也，乐有政府也，岂不欲以人治胜天行哉？有政府而不能为民捍灾患，然则何取此政府为也？天灾之事，关系政府责任，余别有论。呜呼！中国人之为戮民久矣！天戮之，人戮之，暴君戮之，污吏戮之，异族戮之。其所以戮之之具，则饥戮之，寒戮之，夭戮之，疠戮之，刑狱戮之，盗贼戮之，干戈戮之。文明国中有一人横死者，无论为冤惨，为当罪，而死者之名，必出现于新闻纸中三数次，乃至百数十次。所谓贵人道重民命者，不当如是耶？若中国则何有焉？草薙耳，禽狝耳。虽日死千人焉万人焉，其谁知之？其谁殣之？亦幸而此传种学最精之国民，野火烧不尽，春风吹又生，其林林总总者如故也。使稍矜贵者，吾恐周余孑遗之诗，早实见于今日矣。然此犹在无外竞之时代为然耳！

自今以往，十数国之饥鹰饿虎，张牙舞爪，呐喊蹴踏，以入我闼而择我肉。数年数十年后，能使我如埃及然，将口中未下咽之饭，挖而献之，犹不足以偿债主。能使我如印度然，日日行三跪九叩首礼于他族之膝下，乃仅得半腹之饱。不知爱惜民命者，何以待之？何以救之？我国民一念及此，当能信吾所谓“破坏亦破坏，不破坏亦破坏”者之非过言矣。而二者吉凶去从之间，我国民其何择焉？其何择焉？昔日本维新主动力之第一人曰吉田松阴者，尝语其徒曰：“今之号称正义人，观望持重者，比比皆是，是为最大下策。何如轻快拙速，打破局面，然后徐图占地布石之为愈乎？”日本之所以有今日，皆恃此精神也，皆遵此方略也。吉田松阴，日本长门藩士，以抗幕府被逮死。维新元勋山县、伊藤、井上等，皆其门下士也。今日中国之弊，视四十年前之日本又数倍焉。而国中号称有志之士，舍松阴所谓最大下策者，无敢思之，无敢道之，无敢行之。吾又乌知其前途所终极也？

虽然，破坏亦岂易言哉？玛志尼曰：“破坏也者，为建设而破坏，非为破坏而破坏。使为破坏而破坏者，则何取乎破坏？且亦将并破坏之业而不能就也。”吾请更下一解曰：“非有不忍破坏之仁贤者，不可以言破坏之言。非有能回破坏之手段者，不可以事破坏之事。”而不然者，率其牢骚不平之气，小有才而未闻道，取天下之事事物物，不论精粗美恶，欲一举而碎之灭之，以供其快心一笑之具。寻至自起楼而自烧弃，自莳花而自斩刈，嚣嚣然号于众曰：“吾能割舍也。吾能决断也。”若是者，直人妖耳！故夫破坏者，仁人君子不得已之所为也。孔明挥泪于街亭，子胥泣血于关塞，彼岂忍死其友而遗其父哉！

# 第十二节　论自尊

日本大教育家福泽谕吉之训学者也，标提“独立自尊”一语，以为德育最大纲领。夫自尊何以谓之德？自也者，国民之一分子也。自尊所以尊国民故。自也者，人道之一阿屯也，自尊所以尊人道故。

西哲有言：“人各立于自所欲立之地。”吉田松阴曰：“士生今日，欲为蒲柳，斯蒲柳矣。欲为松柏，斯松柏矣。”吾以为欲为松柏者，果能为松柏与否，吾不敢言。若夫欲为蒲柳者，而能进于松柏，吾未之闻也。孟子曰：“有是四端，而自谓不能者，自贼者也。”又曰：“自暴者不可与有言也，自弃者不可以有为也。”夫自贼、自暴、自弃之反面，则自尊是也！是以君子贵自尊。

悲哉！吾中国人无自尊性质也。簪缨何物，以一钩金塞其帽顶，则脚靴手版，磕头请安，戢戢然矣！阿堵何物，以一贯铜晃其腰缠，则色肆指动，围绕奔走，喁喁然矣！夫沐冠而喜者，戏猴之态也。投骨而啮者，畜犬之情也。人之所以为人者，其资格安在耶？顾乃自侪于猴犬而恬不为怪也。故夫自尊与不自尊，实天民奴隶之绝大关头也。

且吾见夫今世所谓识时俊杰者矣。天下之危急，彼非无所闻也。国民之义务，彼非无所知也。顾口中有万言之沸腾，肩上无半铢之负荷。叩其故，则曰：“天下大矣，贤者多矣，某自顾何人，其敢语于此？”推彼辈之意，以为一国四百兆人，其三百九十九兆九亿九万九千九百九十九人中，其德慧术知，无一不优于我；其聪明才力，无一不强于我。我之一人，岂足轻重云耳？率斯道也以往，其必四百兆人，人人皆除出自己，而以国事望诸其余之三百九十九兆九亿九万九千九百九十九人。统计而互消之，则是四百兆人卒至实无一人也。夫一二人之自贼、自暴、自弃而不自尊，宜若于天下大局无与焉矣。然穷其弊乃至若此。

不宁惟是，为国民者而不自尊其一人之资格，则断未有能自尊其一国之资格焉者也。一国不自尊，而国未有能立焉者也。吾闻英国人自尊之言曰：“太阳曾无不照我英国国旗之时。”英人属地遍于五大洲，此地日方没，彼地日已出。故曰太阳常照英国旗也。曰：“无论何地，凡我英人有一个足迹踏于其土者，则其土必为吾英之势力范围也。”吾闻俄国人自尊之言曰：“俄罗斯者，东罗马之相续人也。”相续者，继袭之义。曰：“我俄人必成先帝彼得之志，为东方之主人翁也。”吾闻法国人自尊之言曰：“法兰西者，欧洲文明之中心点也，全世界进步之原动力也。”吾闻德国人自尊之言曰：“自由主义者，日耳曼森林中之产物也。日耳曼人者，条顿民族之宗子，欧洲中原之主帅也。”吾闻美国人自尊之言曰：“旧世界者，腐败陈积之世界也。其有清新和淑之气者，惟我新世界。旧世界指东半球，新世界指西半球。今日之天下，由政治界之争竞，而移于生计界之竞争；他日战胜于生计界者，舍我美人莫属也。”吾闻日本人自尊之言曰：“日本者，东方之英国也。万世一系，天下无双也。亚洲之先进国也，东西两文明之总汇流也。”

自余各国，苟其能保一国之名誉于世界上者，则皆莫不各有其所以自尊之具。苟不尔者，则其国必萎缩而无以自存也。其远焉者吾不能遍举，请征诸其近者。吾尝见印度人，辄曰：“英国之政治，高美完满，盛德巍巍，胜于吾印往昔远甚！”乃至英人之一颦一笑、一饮一啄，皆视为加己数十等也。吾尝见朝鲜人，辄曰：“吾韩今日更无可望！惟望日本及世界文明各大国，扶而掖之也。”浅见者徒见夫英、俄、德、法、美、日之强盛也如彼，而以为其所以敢于自尊者有由；徒见夫印度、朝鲜之积弱也如此，而以为其所以自贬者出于不得已。此误果为因，误因为果之言也。而乌知夫自尊者即彼六国致强之原，而自贬者乃此二国取灭之道也。

呜呼！吾观于此而不能不重为中国恫矣！畴昔尚有一二侈然自大之客气，乃挫败不数度，至今日而消磨尽矣。闻他人之议瓜分我也，则嗷然以啼；闻他人之议保安我也，则辗然以笑。君相官吏，伺外国人之颜色，先意承志，如孝子之事父母。士农工商，仰外国人之鼻息，趋承奔走，如游妓之媚情人。政府之意曰：中国不足恃矣！吾但求结纳一大邦之奥援，为附庸下邑之陪臣，以保富贵终余年焉。民间之意曰：中国无可为矣！吾但求托庇一强国之宇下，为食毛践土之蚁民，以逃丧乱长子孙焉。即号称有志之士者，亦曰今日之中国，非可以自力自救。庶几有仁义和亲之国，恤我、怜我、扶助我乎！嗟呼恫哉！我国家今日之资格，其如斯而已乎？我国家将来之前途，竟如斯而已乎？嗟呼恫哉！畴昔侈然自大之客气，自居上国而藐人为夷狄者，先觉之士，窃窃然忧之，以为排外之谬想，不徒伤外交，而更阻文明输入之途云耳。夫孰知夫数十年来得延一线之残喘者，尚赖有此若明若昧、无规则无意识之排外自尊思想以维持之。并此而斲丧焉，而立国之具，乃真绝矣。夫孰知夫以真守旧误国，而国尚有可为；以伪维新误国，而国乃无可救也。孟子曰："未闻以千里畏人者也。"谁为为之，而至于此？

夫国家本非有体也，藉人民以成体。故欲求国之自尊，必先自国民人人自尊始。伊尹曰："予天民之先觉者也，予将以斯道觉斯民也，非予觉之而谁也？"颜渊曰："舜何人也？予何人也？有为者亦若是。"孟子曰："夫天未欲平治天下也。如欲平治天下，当今之世，舍我其谁也？"若此者，就寻常庸子视之，不以为狂，必以为泰矣！而圣贤之所以为圣贤者，乃在于此。英将乌尔夫之将征加拿大也，于前一夜拔剑击案，阔步室内，自夸其大业之必成。宰相鳖特见之，语人曰："余深庆此行为国家得人！"奥相加富匿，掌奥国政权者五十年。尝喟然长叹曰："天为国家生非常之才，虽然其孕育之也百年，其休息之也又百年。吾每念及我百岁之后，不禁为奥帝国之前途危栗也。"鳖特当一千七百五十七年，语侯爵某曰："君侯！君侯！予确信惟予能救此国，而舍予之外，无一人能当其任也。"加里波的曰："余誓复我意大利，还我古罗马。”加富尔失意躬耕之时，其友赠书吊之，乃戏答曰：“事未可知，天若假公以年，伫看他日加富尔为全意大利宰相之时矣。”彼数子者，其所以高自位置，与夫世俗之多大言少成事者，皮相焉殆无以异。而不知其后此之建丰功扬伟烈，能留最高之名誉于历史上，皆此不肯自贼、自暴、自弃之一念，躯遣而成就之也。嗟夫！国于天地，必有与立，历览古今中外之历史，其所以能维系国家于不败之地者，何一非由人民之自尊而来？何一非由人民中之尤秀拔者，以自尊之大义倡率一世而来哉？

吾欲明自尊之义，请先言自尊之道。凡自尊者必自爱。“在山泉水清，出山泉水浊。侍婢卖珠回，牵萝补茆屋。插花不插鬓，采柏动盈掬。天寒翠袖薄，日暮倚修竹。”此杜老绝代佳人之诗也。不如此而谬托于绝代佳人，未有能称者也。孔明之表后主也，一则曰：“臣本布衣，躬耕南阳，苟全性命于乱世，不求闻达于诸侯。”再则曰：“臣于成都负郭，有桑八百株，没后子孙无忧饥寒。”夫孔明非必如硁硁自守之匹夫，故为狷介以鸣高也。彼其所以自处者，固别有所以特拔于流俗，而以淡泊为明志之媒介，以宁静为致远之表记也。故夫浮华轻薄之士，谬托旷达，而以不矜细行为通才；牺牲名誉，而以枉尺直寻为手段者，其去豪杰远矣！何也？先自菲薄，而所谓自尊者更持何道也？故真能自尊者，有皑皑冰雪之志节，然后能显其落落云鹤之精神；有谡谡松风之德操，然后能载其岳岳千仞之气概。自尊者，实使人进其品格之法门也。

凡自尊者必自治。人何以尊于禽兽？人有法律，而禽兽无之也。文明人何以尊于野蛮？文明人能与法律相浃，而野蛮不能也。十人能自治，则此十人者，在其乡市为一最固结之团体，而可以尊于一乡市。百人能自治，则此百人者，在其省郡为一最固结之团体，而可以尊于一省郡。千人万人能自治，则此千人万人者，在其国中为一最固结之团体，而可以尊于一国。数十百千万人能自治，则此数十百千万人者，在世界中为一最固结之团体，而可以尊于全世界。其在古代，斯巴达以不满万人之国，而独尊于希腊。其在现世，英国人口不过中国十五分之一，而尊于五洲。何也？皆由其自治之力强，法律之观念重耳。盖人也者，必非能以一人而自尊者也。故必其群尊，然后群内之人与之俱尊。而彼此自治力不足，则群且不成，尊于何有？我中国人格所以日趋于卑贱，其病源皆坐于是。

凡自尊者必自立。庄子曰："有人者累，见有于人者忧。"故夫大同太平之极，必无一人焉能有人，亦无一人焉见有于人。泰西之治，今犹未至也。而中国则更甚焉！其人非有人者，则见有于人者。故君有民，民见有于君。父有子，子见有于父。夫有妇，妇见有于夫。一室之中，主有仆，仆见有于主。一铺店之中，股东有伴佣，伴佣见有于股东。一党派之中，党魁有徒众，徒众见有于党魁。通四百兆人而计之，大率有人者百之一，见有于人者百之九十九。而此所谓有人者，时又更有他人焉从而有之。如妇见有于夫，其夫或见有于其夫之父。其夫之父，或又见有于其所属之铺店之主人、衙署之长官。而彼等又见有于一二民贼之类。若是者，其级数无量，不可思议。虽恒河沙世界中一一莲花，一一花中一一佛，一一佛身一一口，一一口中一一舌，说之犹不能尽。若是乎，吾国中虽有四百兆人，而其见有于人者，实三百九十九兆强也。凡见有于人者，则丧其人格。泰西惯例，妇人大率无选举权，以其见有于男子也。余仿此。若是乎，则此四百兆人中能保存人格者，复几何哉？是安得不瞿然惊也。

夫吾之为此言，非谓欲使人尽去其所尊所亲者，而倔强跋扈以为高也，乃正所以为合群计也。凡一群之中，必其人皆有可以自立之道，然后以爱情自贯联之，以法律自部勒之，斯其群乃强有力。不然，则群虽众，而所倚赖者不过一二人，则仍只能谓之一二人，不能谓之群也。有两家于此，甲家则父母妻子兄弟，皆能有所业以食力，余粟余布，各尽其材；乙家则仰事俯畜，皆责望于一人。则其家之孰荣孰悴，岂待问也？有两军于此，甲军则卒伍皆知兵，不待指挥，而各人之意见，既与主帅相针射，号令一下，则人人如其心中所欲发；乙军则惟恃一二勇悍之首领，而他如木鸡然。则其军之孰赢孰负，岂待问也？夫家庭与军伍，其制裁之当严整，殆视他种社会为尤要矣。而其自立力之万不可缺也犹如此。故凡有自尊思想，不欲玷辱彼苍所以予我之人格者，必以先求自立为第一要义。

自立之具不一端，其最显要者，则生计上之自劳自活，与学问上之自修自进也。力能养人者上也！即不能，而不可不求足以自养。学能济人者上也！即不能，而不可不求足以自济。苟不尔者，欲不倚赖人，乌可得也？专倚赖人，而欲不见有于人，乌可得也？夫倚赖人，非必志士之所讳也。然我有所倚赖于他，他亦有所倚赖于我，互相倚而群之形乃固焉。若一则专为倚赖者，一则专为被倚赖者，其群未有能立，即立未有能久者也。英人常自夸曰："他国之学校，可以教成许多博士学士，我英之学校，则只能教成'人'而已。"人者何？人格之谓也。而求英人教育之特色，所以能养成此人格者，则惟受之实业，而使之可以自活；受之常职，而使之可以自谋。而盎格鲁撒逊人种，所以高掌远蹠于全世界，能有人而不见有于人者，皆恃此焉矣。

凡自尊者必自牧。《易》曰："谦谦君子，卑以自牧。"自牧与自尊，宁非反对之两极端耶？虽然，有说焉。自尊云者，非尊其区区七尺也，尊其为国民之一分子，人类之一阿屯也。故凡为国民一分子、人类一阿屯者，皆必如其所尊以尊之。故惟自尊者为能尊人。临深以为高，加少以为多。其为高与多也亦仅矣！杀人以自生，亡人以自存，其为生与存也亦殆矣！故夫沾沾一得趾高气扬者，其必器小易盈之细人也。甚或人之有技娼嫉以恶者，其必浊卑下流之鄙夫也。细人鄙夫，其去自尊之道，不亦远乎？吾观夫西人之所谓 Gentleman 此字中国语无确译，俾斯麦尝谓此英语中最有意味之字也。若强译之，则君子二字庶乎近焉。者，其接人也，皆有特别一种温、良、恭、俭、让之德。虽对婢仆，其礼逾恭，有所命令，必曰 Please；含恳请之意。有所取求，必曰 Thank you 。谢也。盖重人者人恒重之，侮人者人恒侮之。势必然矣！况夫人也者，参天两地，列为三才。吾之能保存其高尚之资格也，不过适完其分际上应尽之义务，而何足以自炫耀也？是故欲立立人，先圣所以垂训；贡高我慢，世尊所以设戒。

凡自尊者必自任。一群之人芸芸也，而于其中有独为群内之所崇拜者，此必非可以力争而术取也。必其所负于本群之责独重，而其任之也独劳。则众人之所以酬之者，自不期然而然，莫之致而至。其自任也，非欲人之尊我而以此为钓也，彼实自认其天职之不可以不尽。苟不尔者，则为自贬，为自污，为自弃，为道义上之自鬻，为精神上之自戕。是故愈自尊者愈自任，愈自任者愈自尊。自尊之极，乃有如伊尹所谓天民先觉，如孟子所谓舍我其谁，如佛所谓普度众生，为一大事出世。岂抹煞众人以为莫己若哉？盖见夫己之责任，则己如是，而他人之能如是与否，且勿暇计也。抑吾尝见夫老朽名士与轻薄少年之自尊矣。摭拾区区口耳四寸之学问，吐出訑訑气焰万丈之言词。目无余子，而我躬亦不知何存；口有千秋，而双肩则不能容物。吾昔曾为呵旁观者文，内一条写其形状曰：

四曰笑骂派。（中略）既骂维新，亦骂守旧。既骂小人，亦骂君子。对老辈则骂其暮气已深，对青年则骂其躁进喜事。事之成也，则曰竖子成名；事之败也，则曰吾早料及。彼辈常自立于无可指摘之地。何也？不办事故无可指摘，旁观故无可指摘。己不办事，而立于辨事者之后，引绳批根以嘲讽掊击。此最巧黠之术，而使勇者所以短气，怯者所以灰心也。（中略）譬之孤舟遇风于大洋，彼辈骂雨，骂波，骂大洋，骂孤舟，乃至遍骂同舟之人。若问此船当以何术可达彼岸乎？彼等瞠然无对也。何也？彼辈藉旁观以行笑骂，失旁观之地位，则无笑骂也。

嗟夫！自尊者，本人道最不可缺之德。而在今日之中国，此二字几成诟病之名词者，皆此等伪自尊者之为累也。谚曰：“济人利物非吾事，自有周公、孔圣人。”夫周公何人也？孔圣人何人也？颅同此圆，趾同此方，官同此五，肢同此四。而必曰：“此也者，彼之责任，非我之责任也。”天下之不自爱，孰有过是也！而若之何彼伪自尊者，竟奉此语为不二法门也？

朱子曰：“教学者如扶醉人，扶得东来西又倒。”吾今者为我国民陈自尊之义，吾安保无误读之以长其暴慢鄙倍之气，增其骄盈予智之心，以为公德累为合群蠹者。虽然，吾既略陈其界说，为自尊二字下一定义。吾敢申言之，曰：“凡不自爱、不自治、不自立、不自牧、不自任者，决非能自尊之人也。”五者缺一，而犹施施然自尊者，则自尊主义之罪人也。嗟呼！因噎固不可以废食，惩羹固不可以吹齑。吾深忧夫人人自尊之有流弊，吾尤忧乎人人不自尊。而此四百兆人者，且自以奴隶牛马为受生于天之分内事。而此种自屈辱以倚赖他人之劣根性，今日施诸甲，明日即可以施诸乙；今日施诸室内，明日即可以施诸路人，施诸仇敌。呜呼！吾每接见夫客之自燕来者，问以吾国民近日对外之情状，未尝不泪涔涔下也！呜呼！吾又安能已于言哉？

# 第十三节　论合群

自地球初有生物以迄今日，其间孳乳蕃殖，蠕者、泳者、飞者、走者、有觉者、无觉者、有情者、无情者、有魂者、无魂者，其种类其数量，何啻京垓亿兆。问今存者几何矣？自地球初有人类以迄今日，其间孳乳蕃殖，黄者、白者、黑者、棕者、有族者、无族者、有部者、无部者、有国者、无国者，其种类其数量，何啻京垓亿兆。问今存者几何矣？等是躯壳也，等是血气也，等是品汇结集也，而存焉者不过万亿中之一。余则皆萎然落、澌然灭矣。岂有他哉？自然淘汰之结果，劣者不得不败，而让优者以独胜云尔。优劣之道不一端，而能群与不能群，实为其总原。

合群之义，今举国中稍有知识者，皆能言之矣。问有能举合群之实者乎？无有也。非惟国民全体之大群不能，即一部分之小群亦不能也。非惟顽固愚陋者不能，即号称贤达有志者亦不能也。呜呼！苟此不群之恶性而终不可以变也，则此蠕蠕芸芸之四百兆人，遂不能逃劣败之数，遂必与前此之萎然落澌然灭者同一命运。夫安得不痛？夫安得不惧？吾推原不群之故，有四因焉。

一曰：公共观念之缺乏。凡人之所以不得不群者，以一身之所需求所欲望，非独力所能给也。以一身之所苦痛所急难，非独力所能捍也。于是乎必相引相倚，然后可以自存。若此者，谓之公共观念。公共观念者，不学而知，不虑而能者也。而天演界之优劣，即视此观念之强弱以为差。夫既曰不学而知，不虑而能矣，然其间又有强弱者，何也？则以公观念与私观念，常不能无矛盾。而私益之小者近者，往往为公益之大者远者之蟊贼也。故真有公共观念者，常不惜牺牲其私益之一部分，以拥护公益。其甚者，或乃牺牲其现在私益之全部分，以拥护未来公益。非拂性也，盖深知夫处此物竞天择界，欲以人治胜天行，舍此术末由也。昧者不察，反其道以行之。知私利之可歆，而不知公害之可惧。此杨朱哲学所以横流于天壤，而边沁之名理所以为时诟病也！此为不能合群之第一病。

二曰：对外之界说不分明。凡群之成，必以对待。苟对于外而无竞争，则群之精神与形式皆无所著，此人类之常情，无所容讳者也。故群也者，实以为我兼爱之两异性，相和合而结构之。有我见而自私焉，非必群之害也。虽然，一人与一人交涉，则内吾身而外他人，是之谓一身之我。此群与彼群交涉，则内吾群而外他群，是之谓一群之我。同是我也，而有大我小我之别焉。有我则必有我之友与我之敌。既曰群矣，则群中皆吾友也。故善为群者，既认有一群外之公敌，则必不认有一群内之私敌。昔希腊列邦，干戈相寻，一遇波斯之来袭，则忽释甲而相与歃血焉，对外之我见使然也。昔英国保守、自由两党，倾轧冲突，曾无宁岁。及格里迷亚战争起，虽反对党，亦以全力助政府焉。对外之我见使然也。昔日本自由、进步两党，政纲各异，角立对峙。遇藩阀内阁之解散议会，则忽相提携，结为一宪政党以抗之，对外之我见使然也。故凡结集一群者，必当先明其对外之界说，即与吾群竞争之公敌何在是也。今志士汲汲言合群者，非以爱国乎？非以利民乎？既以爱国也，则其环伺我而凭陵我者，国仇也！吾公敌也！舍是则无所为敌也。既以利民也，则其箝压我而朘削我者，民贼也！吾公敌也！舍是则无所为敌也。苟其内相敌焉，则其群未有不为外敌所摧陷而夷灭者也。而志士顾昧此焉，往往舍公敌大敌于不问，而惟龂龂焉争小意见于本团。无他，知小我而不知大我，用对外之手段以对内，所以鹬蚌相持，而使渔人窃笑其后也。此为不能合群之第二病。

三曰：无规则。凡一群之立也，少至二三人，多至千百兆，莫不赖有法律以维持之。其法律或起于命令，或生于契约。以学理言：则由契约出者，谓之正，谓之善；由命令出者，谓之不正，谓之不善。以事势言：则能有正且善之法律尚也。若其不能，则不正不善之法律，犹胜于无法律。此群学家政学家所同认也。今志士之倡合群者，岂不以不正不善之法律之病民弱国，而思所以易之耶？乃夷考其实，或反自陷于无法律之域，几何不为彼辈所借口以相锄也！不宁惟是，而使本群中亦无所可恃以相团结，已集者望望然去，未来者裹足不前，旁观者引为大戒。则群力安得扩张？而目的何日能达也？吾观文明国人之善为群者，小而一地一事之法团，大而一国之议会，莫不行少数服从多数之律，而百事资以取决。乃今之为群者，或以一二人之意见武断焉，梗议焉。其无规则者一也。善为群者，必委立一首长，使之代表全群，执行事务，授以全权，听其指挥。乃今之为群者，只知有自由，不知有制裁。其无规则者二也。叩其故，则曰以少数服从于多数，是为多数之奴隶也。以党员服从于代表人，是为代表人之奴隶也。嘻！是岂奴隶之云乎？人不可以奴隶于人，顾不可以不奴隶于群。不奴隶于本群，势必至奴隶于他群。服从多数，服从职权，即代表人。正所以保护其群而勿使坠也。而不然者，人人对抗，不肯相下；人人孤立，无所统一。其势必相率为野蛮之自由，与未为群之前相等。虽无公敌，犹不足以自立，而况夫日有反对者之乘其后也。此为不能合群之第三病。

四曰：忌嫉。　吾昔读曾文正戒子书中忮求诗，而悚然焉！其言曰：

“善莫大于恕，德莫凶于妒。妒者妾妇行，琐琐奚足数？己拙忌人能，己塞忌人遇。己若无事功，忌人得成务。己若无党援，忌人得多助。势位苟相敌，畏逼又相恶。己无好闻望，忌人文名著。己无贤子孙，忌人后嗣裕。争名日夜奔，争利东西骛。但期一身荣，不惜他人污。闻灾或欣幸，闻祸或悦豫。问渠何以然？不自知其故。”

呜呼！此虽曰老生常谈乎！然以今日之误解边沁学说者，实当头一棒之言也。吾辈试夙夜一自省焉！其能悉免于如文正所诃乎？吾国人此等恶质，积之数千年，受诸种性之遗传，染诸社会之习惯，几深入于人人之脑中而不能自拔。以是而欲求合群，是何异磨砖以作镜，蒸沙以求饭也。夫宗旨苟不同，则昌言以攻之可也。地位苟不同，则分功以赴之可也。乃若宗旨同，地位同，则戮力同心，以共大业，善莫大焉！夫所谓戮力同心者，非必强甲之事业而使合于乙也。同归而殊途，一致而百虑，目的既共指于一处。其成也，则后此终必有握手一堂之日。即不然，或甲败而乙成，或乙败而甲成，而吾之所志固已达矣。事苟有济，成之何必在我？仁人君子之用心，不当如是耶？又就令见不及此，而求竞胜于一时，专美于一己，则亦光明磊落，自出其聪明才力，以立于天演界中。苟其优也，虽千万人与我竞，亦何患不胜？苟其劣也，虽无一人与我竞，亦何恃不败？天下之事业多矣，岂必排倒他人，而始容卿一席耶？呜呼！思之！思之！外有国难，内有民箝，同胞半在酣梦之中，前途已入泥犁之境。吾力而能及也，则自拯之；独力不能也，则协力拯之。吾力而无济也，则望他人拯之，其尚忍摧萌拉蘖，为一国之仇雠效死力耶？愚不肖者，吾无望焉，无责焉！顾安得不为号称贤智者正告也。此为不能合群之第四病。

此其大略也。若详语之，则如傲慢，如执拗，如放荡，如迂愚，如嗜利，如寡情，皆足为合群之大蠹。有一于此，群终不成。吾闻孟德斯鸠之论政也，曰："专制之国，其元气在威力；立宪之国，其元气在名誉；共和之国，其元气在道德。"夫道德者，无所往而可以弁髦者也。然在前此之中国，一人为刚，万夫为柔；其所以为群者，在强制而不在公意。则虽稍腐败，稍涣散，而犹足以存其鞟以迄今日，若今之君子，既明知此等现象，不足以战胜于天择，而别思所以易之；则非有完全之道德，其奚可哉？其奚可哉？吾闻彼顽固者流，既聒有辞矣。曰：“今日之中国，必不可以言共和，必不可以言议院，必不可以言自治。以是畀之，徒使混杂纷扰，倾轧残杀，以犹太我中华。不如因仍数千年专制之治，长此束缚焉，驰骤焉，犹可以免滔天之祸。”吾恶其言！虽然，吾且悲其言！吾且惭其言！呜呼！吾党其犹不自省，不自戒乎？彼辈不幸言中，犹小焉者也。而坐是之故，以致自由、平等、权利、独立、进取等最美善高尚之主义，将永为天下万世所诟病。天下万世相与谈虎色变曰：“当二十世纪之初，中国所谓有新思想、新知识、新学术之人，如是如是。亡中国之罪，皆在彼辈焉！”呜呼！呜呼！则吾侪虽万死，其何能赎也！

# 第十四节　论生利分利

谓中国而贫国耶？《大学》曰：“有人此有土，有土此有财。”未闻以数十万里之地，数十千万之人，而患贫者也。谓中国而富国耶？稽其官府，则罗掘而无所于得；行其闾阎，则憔悴而无以自存。虽有辩者，不能为中国之贫讳也。贫之原因不一端。请先专言民事。

《大学》曰：“生之者众，食之者寡。”此言至矣！后世生计学家，言殖产之术，未有能外者也。夫一国之岁殖者，国中人民岁殖之总计也。综一国之民，无论或劳力或不劳力，劳力矣，或生利或不生利，而其待养于地之所产民之所出则均。一国岁殖，只有此数，惟其养徒食者数寡，而后赡能生者数多；赡能生者数多，而后国之所殖乃岁进。反是，则其未有不瘁焉者也。

生计家言财之所自出者有三：曰土地，曰资本，曰劳力。三者相需而货乃成。顾同一土地也，在野蛮民族之手，则为石田；在文明民族之手，则为奇货。其故何也？文明人能利用资本劳力以扩充之，而野蛮人不能也。所谓利用资本与劳力者何也？用之而蕲其有所复也。何谓有所复？用吾力以力田焉，制造焉。被其功于物材，成器之后，其值遂长。其所成之物，历时甚久，犹存人间，可以转售交易。今日以功成物，他日由物又转为功，如是则劳力复焉矣。斥吾资以庀材焉，雇佣焉，材由生货转为熟货，佣以人力，造出物力。已熟之货，蓄力之物，其所值必余于前此所斥之资。吾财无损，而且有赢，如是则资本复焉矣。所复者多一次，则所殖者进一级。何也？复者必不徒复也，而又附之以所赢，此富之所由起也。一人如是，一国亦然。

夫综一国之资本劳力而岁计之，只有此数也。今年而投诸有所复之地，则明年而其率增若干焉，再明年而其率又增若干焉。岁而增之，以至于极富。今年而投诸无所复之地，则明年而其率减若干焉，再明年而其率又减若干焉，岁而减之，以至于极贫。故今年同一资本，同一劳力也，一有所复，一无所复之间，其结果之相远，在明年则为一与四之比例矣，再明年则为一与十六之比例矣，又再明年则为一与六十四之此例矣。呜呼！其可惊有如此者！何以明其增减之率然也？此其事，于资本易见，而于劳力稍难明。一岁之所总殖，其所以用之者不外两途。其即用而无所复者，命之曰消费；其斥以求赢，而企其有所复者，命之曰母财。即资本。有人于此，今年以千金之母财，而所殖者得千五百焉。使其人一岁消费之率而适五百也，则适尽其所增殖者，而明年仍有千金为母财。仍殖千五百，则其产不进亦不退，或遇时机，而所殖者忽逾常率，则母财亦随增矣。然使偶一岁遇不利，而所殖不及常率，则又将必至蚀母财矣。故曰群治以进为期，中止则忧，退则为病。不必退也，即中止而已岌然不终日矣。使其消费之率，岁仅三百也，则明年以今年所殖之余，而合诸母，其母财为千二百，而所殖者千八百矣。再明年，所殖之余而合诸母，则其母财为千五百，而所殖者二千二百余矣。反是而使其消费之率，岁而七百也，则今岁所殖不足供今岁，而不得不蚀及母财。明年之母财，仅余八百，而所殖仅千二百矣。再明年而再蚀之，其母财仅余五百，而所殖仅七百余矣。蚀者其母，遂并其所生之子而亡之。不及三稔，而千金可以荡然，此事之最易见者也。

夫此等持筹握算之论，士君子每羞言焉，而其义实通于治国。一国之产，而依前者之比例焉，国未有不荣者也；一国之产，而依后者之比例焉，国未有不悴者也。抑一国之浪费，与一人之浪费，理同而形异。一国之浪费有二：其一，国中之人人，皆岁费过于岁殖，于是结集成国，而一国之总岁费过于总岁殖是也。若是者，则其国不数年，而遂可以灭亡。虽然，天下从无此国民也。罗马之末路，殆将近是。故史家谓罗马之亡，乃其自亡，而非日耳曼人能亡之也。有善费之民，亦必有善殖之民与之相救。国之所以维持于不敝，赖此而已。其二，国中之人，虽有善费者，有善殖者，而殖者之人数，不及费者之人数。费者一人所费之数，又过于殖者一人所殖之数，截长补短以统计之，而一国之总岁费过于总岁殖是也。今之孱国比比然也。国之总费既过总殖，则势不得不蚀及全国之总母财。总母财能几何？岂堪当此岁蚀也？此资本增减之比例率也。

至劳力之增减，其事亦与资本相缘。夫母财之为用也，大率庀材者居其半，给饩者居其半，所给之饩，即所以养劳力者也。惟母财丰然后百业兴，百业兴然后给饩众，给饩众然后劳力者各得所养，而其力有所用。力被于物，复成母财。递增递进，而力乃尽其用。今使母财被蚀而无所余，则民有力而无用之之地，其力遂日以渐销。生物学之公例，凡一能力久废不用者，则其能力必浸亡。斯密亚丹尝言：“吾英今日之民，勤于昔者，缘今日国财，斥之为母以赡劳民者，多于三百年前也。三百年前之民，劳而无获，乃多惰游。其言曰：‘与其作苦而无获，不若嬉戏而无余。’大抵工商业广之区，其民皆母财所赡雇，故其用力恒勤。而酣戏饮博，自以日销，设其地为都会，养民者不在母财，而在支费，则皆呰窳偷生。”严译《原富》部乙篇三。是资本之增减，与劳力之增减，成比例也明矣！而况夫既夺善殖者之所食以养善费者，则此善殖者虽不窳惰，而亦无以自存。或饿殍，或流亡，有妻不能迎，有子不能举。劳力之损去者，不可以复续。此又其锐减之迹，显而易见者也。资本蚀矣，劳力萎矣，生财之三要素，既毁其二。虽有土地，其将何所缘以产百物耶？国之所以有广土众民而不免于贫蹙者，坐是而已。

申而言之，则国之兴衰，一视其总资本总劳力之有所复无所复而已。有所复者，资母孳子，《大学》谓之“生之者”，生计学家名之曰“生利”。无所复者，蚀母亡子，《大学》谓之“食之者”，生计学家名之“分利”。吾将论生利分利之种别。

吾闻生计学家言，生利之人有二种：一曰直接以生利者，若农若工之类是也。二曰间接以生利者，若商人，若军人，若政治家，若教育家之类是也。而其生利之力亦有二种：一曰体力，二曰心力。心力复细别为二：一曰智力，二曰德力。若以其生利之事业分之，则有六种。

第一：发见及发明。发见者，新觅得天然物，或新考出其物之利用也。如哥仑布发见亚美利加洲，又二三百年前，新考出烟草中有一种特质足供人用者皆是也。发明者，将天产物加以新法则能广其用，而其法为前人所未知者，如最近发明无线电报之类是也。

第二：先占。先占者，采收未有主权之天产也，如伐木、猎兽、渔鱼、采矿之类是。

第三：用于生货之劳力。生货，谓物之未经制造者，如农业、森林业、牧畜业是也。各种制造品之材料，皆自此种劳力而来者也。

第四：用于熟货之劳力。如制谷麦为面包，制木材为家具，制土属为陶磁，制金属为机械，制绵丝为布帛，其余各种关于制造者，皆属此类。

第五：用于交通之劳力。变更货物之位置，以运输交通，便适民用者也。凡商业等，皆属此类。

第六：用于保助之劳力。若官吏，若军人，若医生，皆所以保护生利者也。虽不能直接以生利，然其职若保险公司然，故非分利。若教育家，若文学家，所以助长生利者也。虽不直接以生利，然得此令人智识增长，性质改良，于生利大有所补，故亦不为分利。

此皆生利之事业也。其不在此数者，皆谓之分利。斯密亚丹云："人以多雇工佣而富，以多畜便辟使令之人而贫，何也？使令者之功，固匪所寄，则莫可转，事竟力消，而不可得复也。"斯密氏充类至义之尽，则以为分利者，不仅便辟使令之贱者而已。自王侯君公，降至执法司理之官吏，称戈擐甲之武夫，皆此属也。故其言又曰："品上者，若官吏师儒，若医巫，若文章之士；品下者，若倡优、侏儒、斗力、走马、臧获、厮养，其用劳力也。虽贵贱迥殊，轻重各异，而皆投其力于不可复之地。当生即毁，皆与于分利致贫之数者也。"斯密此论，后贤聚讼纷然，吾今不具引，不具辩。吾请取我国中分利者之种类而细论之。

分利者之种类，大别有二：一曰不劳力而分利者，二曰劳力而仍分利者。

第一不劳力而分利者：

（一）乞丐：其人非老，非幼，非废疾。以堂堂七尺之躯，乃至不能自养，而行乞于涂。是荡与惰二者必居一也。人即怜而活之，而为虱于一群莫大焉。故此辈非可愍而可憎也。若君上失政，天灾流行，干戈劫后，不以此论。

（二）盗窃：盗者未尝不用体力，窃者未尝不用心力，然此不得以劳力论也。盖其所用力，不敢以与人共见也。此其为分利最易明，不待赘论。

（三）棍骗：棍骗者，亦盗窃之一种也。然其操术稍精，其破裂稍难，故其毒害亦较深。而所分之利往往更巨。棍骗之种类繁多，非可悉举。如聚赌者，如巫觋，如堪舆星相卜筮之流，皆归此类。不能医而冒医为衣食者，亦归此类。

（四）僧道：欧洲教会之牧师神父，识者以为国之大蠹。前所引斯密亚丹之言，半为彼辈而发也。至近世革命屡起，夺其特权以侪齐民，然后欧治乃平。虽然，欧之教会虽无实，然犹以觉民为名也。中国之僧道，则名实两无取矣。

（五）纨绔子弟：西人之养子也，育之使长成，教之以学业，令其足以自营自活，父母之责任，如是而已。及其既能自营矣，自活矣，则析而居之。他日父母遗产之能属于己与否，非所知也。故其故家子弟，皆绝依赖根性，无敢托庇前人余荫以自暇逸。中国不然，家有数亩薄田，其子弟辄骄奢淫佚，一无生业。而豪宦富商之裔，更不待论。又以同居不析产为盛德，矫伪相效。往往有一家丁口至百数十人者，假使其家有万金之产，则其百数十人之妇女子弟，皆嚣嚣然曰："吾之家，乃万金之素封家也。"曾亦思此万金者，析之为数百十焉，各人所占，能有几何？而此百数十人，皆以万金之奉自奉。而于家中生计，丝毫不负其责任。吾见所谓故家名门，若此者比比然矣。又不必故家名门也，即以寻常论之：大率一家之中，其生利者不过一二人，而分利者动十数人。夫以一人之资本劳力而自养焉，虽中下之材，而犹不至于不给。以一人之资本劳力而养十数人，虽贤智未有能善其后者也。故不得不岁耗其母财以为消费，而遂以陷于困穷。我国国民之总岁殖，所以不能多斥以为母财之用者，其大原因未始不由家族制度之不适宜使然也。故俗语曰："富不过三代。"夫使能善用富，则虽十代百代可也。而吾中国率不能过三代者何也？生之者一人，而食之者百人；生之者一日，而食之者百日。虽有巨母，其何足以再世也？西国法律所以重保护富民者，为其为一国积母财。积之愈久，则其数愈巨，斥母兴业，人己交利，而国殖岁进。乔木世臣所以为贵也。中国则贫有世袭，而富无世袭，此亦母财消耗之明效大验矣。而其咎实纨绔子弟尸之。纨绔子弟者，真一国之大蠹贼也。虽然，追本穷原，则咎又不专在其子弟，而兼在其父兄。为父兄者既以自累，己所生之利为子弟所分，故曰自累。而复以累其子弟，令子弟不能为生利之人，故曰累子弟。是诚愚不可及矣！

（六）浪子：浪子者，纨绔子弟居其强半。亦有非纨绔而亦浪子者。此类之人，尚未至为乞丐，尚未至为盗骗。其生涯也，饮酒看花、斗鸡走狗、驰马角戏、六博蹋踘、吸鸦片、狎游妓，舍此之外，毫无所事，而衣必选色，食必选味。此类之人，其结局也，盗骗乞丐二者，必居一于是。

（七）兵勇及应武试者：生计家之论军人，有以为生利者，有以为分利者。吾谓今世文明国之军人，决不可谓之分利，何也？若无国防，则国难屡起，民将不得安其业。故军人者，实生利之民之保险也。藉曰分利矣，然亦当属于劳力而分利之一类。中国则不然，中国之兵勇，实不劳力而分利者也。中国之兵勇，实兼浪子、盗骗、乞丐三者之长而有之者也。兵勇既皆分利，其应武试者，若武童、武生、武举、武进士之流，更不待论。

（八）官吏之一大半：中国之官吏，皆分利者也。然其劳力而分利者居小半，不劳力而分利者居大半。不劳力而分利者，其在京官中，则除军机大臣章京及各部主稿司员外，其余各官皆是也。其在外官中，则凡候补需次人员及道班同通班佐杂班实缺者之大半皆是也。此类人之性质位置，与下篇第三类略相似。至其劳力而分利者，及其分利之理由，下篇乃论之。

（九）缘附于官以为养者：此等人所包甚广，官亲也，幕客也，胥吏也，仆役也，皂隶也，讼棍也。其性质大略相等，吾不暇遍论，但约括以此名。此类人，大率强而黠者则豺虎也，弱而笨者则蝗螨也！其害群一也。一州县衙署，而豢养此辈动数百人，他可知矣。通计全国衣食于此间者，殆常数百余万人，此阶级亦几蔚成大国矣。

（十）土豪乡绅：土豪乡绅，大率皆纨绔子弟、读书人、官吏及缘附于官者之四类人所变相也。虽然，亦有不属于此四类人，而不得不谓之土豪乡绅者。即本属于四类，而既已变相，则亦自别成为一孽种，故不得不另立一门以总括之，而此等实分利中之最强有力者也。

（十一）妇女之一大半：论者或以妇女为全属分利者，斯不通之论也。妇人之生育子女，为对于人群第一义务，无论矣！即其主持家计，司阃以内之事，亦与生计学上分劳之理相合。盖无妇女，则为男子者不得不兼营室内之事，业不专而生利之效减矣。故加普通妇女以分利之名不可也。虽然，中国妇女，则分利者十六七，而不分利者仅十三四。何以言之？凡人当尽其才，妇人之能力虽有劣于男子之点，亦有优于男子之点；诚使能发挥而利用之，则其于人群生计，增益实巨。观西国之学校教师，商店会计，用妇女者强半，可以知其故矣。大抵总一国妇女，其当从事于室内生利事业者十而六，育儿女，治家计，即室内生利事业也。其当从事于室外生利事业者十而四。泰西成年未婚之女子率皆有所执业以自养，即从事于室外生利事业者也。而中国妇女，但有前者而无后者焉，是分利者已居其四矣。而所谓室内生利事业者，又复不能尽其用。不读书，不识字，不知会计之方，不识教子之法。莲步夭娆，不能操作。凡此皆其不适于生利之原因也。故通一国总率而计，则分利者十六七，而不分利者仅十三四也。

（十二）废疾：废疾者之为分利，不辨而明。虽然，苟在文明国，有训盲训哑等学校，虽有废疾，而往往使之操作工艺，足以自养，故其分利不多。中国苟遇此等无告，则皆有分而无生者也。是非好自为之，而天然之缺憾及政府之失职，使之不得不然也。

（十三）罪人：人至犯公罪而系缧刑，必其对于一群之利益有所侵害明矣。故罪人之本属分利者，殆十而八九也。但今日文明未至，法律未完，则犯罪者或未必真罪，未必皆害一群公益也。虽然，及其既犯罪之后，以一群治安所系，不得不置诸囹圄以示惩。既入囹圄，惟受凌虐，一无所事，是使之重分利也。监之十年，则其分利者十年，监者百人，则其分利者百人，日损公家之母财以畜之，其蠹群抑更甚矣！故各文明国之惩累囚也，不以虐刑而以苦役。古者输司空，输城旦，输鬼薪，即是此意。诚得其道也。中国则狱囚充塞，而此辈既自苦，复无以自给，而不得不仰食于县官或所亲，是亦分利之一大族也。

儿童不劳力也，何以不为分利？曰：彼未及生利之年，宜储备其力，以为他日生利之用也。儿童者，实一国将来之真母财也。生计学家言，以人身之德慧术智为生产力之一种，亦谓之无形之资本。故凡儿童皆可谓为一国之无形资本也。老人不劳力也，何以不为分利？曰：彼已过生利之年，其前此所生之利，既有所储备，而今之所享，非分之于他人者也。记曰：“十六以下，上所长也；六十以上，上所养也。”诚以其在一群之地位当如是也。若夫少年时代，荒嬉学业，不思预备将来所以报效国民之道，致使长成百无一能。若此者，则虽未成年，已不得不谓之分利。又如壮年时代，无业游手，曾未尝致丝毫之力，有所贡献于其群；及老而废焉，徒待养于公产。若是者，则虽及耄期，仍不得不谓之分利。我中国之儿童、老人，若此者，盖十而六七焉。故我国儿童老人之分利者，亦十而六七也。

地主往往不自劳力，而生计家不谓之分利，亦有谓为分利者。何也？彼其前此之所以得此土地者，未有不从劳力而来。今之所享，即其前此劳力之所储备而用之未尽者也。与老人不为分利者同例。若夫藉父兄之业，其所以得此土地“所有权”者，既非经本身之劳力，而复一无所事，惟衣租食税以自豪者，斯不得不谓之分利。故我中国之地主，其分利者亦十而六七也。万国皆同。然此等皆可谓之纨绔子弟，故不为另立一门。

以上说“不劳力之分利者”竟。

第二，劳力而仍分利者：

（一）奴婢：奴婢之劳力，有视寻常人加数倍者。虽然，其所劳之力，只以伺主人之颦笑，供主人之使令。其力用之而无所复，故谓之分利。此分利种族之最易见者。

（二）优妓：优妓固有所甚劳甚苦者存，然其劳力皆无所复，且能牵动他人，而使之并为分利者。故其分利之毒亦颇甚。

以上两者，其分利未必为本人之所欲，而有迫之使不得不然者。故分利之罪不在本人，而在迫之之人。凡有迫而分利者，皆属此类。衙署之皂隶与奴婢同类者，彼好自为之，非有迫之者也。故彼辈不可不自负其分利之责任。故谓之不劳力而分利者。

（三）读书人：士、农、工、商，号称国之四民，而读书人裒然居首焉。据斯密之论，则虽泰西之读书人，彼且以为分利矣。顾吾平心论之，则西国之读书人，其分利者虽或十之一二，其生利者犹十之七八，何也？彼其学成之后，非医生，则法官也，则律师也。否则传教也，学校教师也。若其学工商业，直接以生利者，更无论矣。故斯密之说，施诸彼，吾不敢袒焉。若在我国，则至当无以易矣。吾国读书界之现象，最奇者有二：一曰无所谓卒业不卒业也。二曰藉令卒业矣，而不知其所学作何用也？其潦倒者，则八股八韵，风檐矮屋，磨至头童齿豁之年；其腾达者，则夸耀妻妾，武断乡曲，以为维桑与梓之蠹。谓其导民以知识耶？吾见读书人多而国日愚也。谓其诲民以道德耶？吾见读书人多而俗日偷也。四体不勤，五谷不分，偷懦惮事，无廉耻而嗜饮食，读书人实一种寄生虫也！在民为蠹，在国为虱也。若考据家，若词章家及近今轻薄之时势家，皆分利之尤者也。彼等或以为吾虽无益于群，亦无害于群。而不知其提倡此谬种以消耗后进之脑力，腐败国民之道德，害已重矣。藉云无益亦无害，而坐蚀一国之母财，宁得谓非害耶？若讲明道学，匡翼民德，以培国家元气者，不在此论。而惜乎我国读书界能若此者，万亿人中不得一二也。

（四）教师：读书人中为教师者，宜若非分利焉。虽然，所教成者，为一群之公益，则谓之生利；所教成者，为一群之公蠹，则谓之分利。彼今日之读书人，实前此之教师所产也。他日之读书人，又今此之教师所产也。日产公蠹，谓之不分利得乎？

（五）官吏之一小半：斯密亚丹以官吏为分利，后人纠之详矣。虽然，若中国之官吏，则无论为劳力者不劳力者，而皆不得不谓之分利。官吏之劳力者，若京官之军机大臣、军机章京、各部署之掌印主稿司员，外官之督抚乃至实缺之提镇司道、府厅州县、各要局之委员，以及出使大臣领事等，皆是矣。其数度不过官吏中十之一二，此辈固自谓尽瘁于王事，鞅掌于贤劳也。至问其劳力所用者在何处？则脚靴手版耳！簿书期会耳！问其于国民公益，有丝毫关系乎？无有也。英人边沁尝言："政府者有害之物也。然所以设之者，以小害物制大害物而已。"日人西村茂树申其义曰："政府害民之事少，而能制止他之大害者，谓之良政府；害民之事多，而不能制止他之大害者，谓之恶政府。"若是乎官吏之分利贼民，固已铁案如山，不容为讳矣，特视其所贼之率多少何如耳。然苟能奉其职，以为民捍御他种大灾害，则其间接所生之利，足以偿其直接所分者而有余。故文明国之官吏，不得谓之分利。夫国民之所谓大灾害者何也？则水旱疠疫之流行也，豪强之欺凌也，争阋之枉屈也，盗贼之横恣也；其尤甚者，则外侮之攘夺，丧我主权，失我公产也。若此者，皆不能不仰匡救于政府。政府而能捍卫是者，则民虽献其血汗所得之权利之一二以赡养之，亦不过如营业者之有保险，而非可吝，非可避者也。若中国则何有焉？民有灾而不能恤也，民有枉而不能伸也；饿殍遍道而不能救也，群盗满山而不能监也。浸假而弄兵召戎，一遇挫败，则割胸胁剥脂膏以为偿也；浸假而畏敌如虎，承伺颦笑，则压同胞媚仇雠以自固也。由前之说，则有官吏如无官吏；由后之说，则有官吏反不如其无官吏。夫官吏而不能捍民之患，则固已害矣。况以官吏之故，而民患益深且剧焉！是他种之分利分其一，而此辈之分利分其二也。劳力而分利之官吏，其罪倍于不劳力而分利者。故中国之官吏，实分利之罪魁，而他种之分利者，大率由彼辈而生者也！

（六）商业中之分利者：既执业，斯不可谓之分利。虽然，亦有辨焉。吾以为今日中国人所执之商业，其不分利者，不过十六七，而其分利者尚十二三。如彼投机射利，俗所称买空卖空者，其操术类于赌博，其用心等于棍骗，斯为分利无论矣。至如剧园酒楼之类，导人于分利之途者，虽主者极勤劳，而不得不谓之分利。又如售卖分利之事物如鸦片、淡巴菰、酒及一切有害卫生之物，脂粉首饰及一切妇女冶容之物，香烛楮爆及一切神祇供享之物，古董书画及一切名士玩耍之物，印刷、八股、小说、考据词章等无用书籍，乃至文人墨客一切特别精致之物。吾八年前曾与一友行京师琉璃厂，数其商店不属于分利者十不得一。诸凡业此者，皆分利者也。虽然，其罪不在执此业者，而在用此物者。何以故？苟无人焉从而流通之，则其业不禁自绝故。故此等实分利之果，而非分利之因也。

（七）农工业之分利者：农工业亦有分利者乎？曰：有。如农之种罂粟，种烟叶，工之制造各种无益有害之物者，皆分利也。然科其罪，则亦与前所论之商业同，不可谓直接之分利。如种罂粟之分利，人人知之矣。然以塞入口之漏卮，则又反似生利，而非分利。虽然，种者愈多，吸者亦愈多，是此业又转为分利之因矣。又如分功不细，成物迟钝，则工虽劳而亦分利。如业针者，以一人始终其事，穷日之力，不能成一针。若分其功而各专一事焉。凡为针之事十七八，以十八人分任之，则日可得八万六千针，是人日四千八百也。一人任之，日成其一，是所废者四千六百七十九矣。此等力皆委之无用，故曰分利。器械不具，趋事拙久，则工虽劳而亦分利。若有铁路三日可达之路，无之则需二十日。是使人废其十七日于旅行中，其力委之无用，故曰分利。又如有铁路，则十吨之货物，不需人马之力，不数日而可以致千里。苟无之，而恃车辆焉，以十车载之，走半月，马力人力皆委之无用。斯分利矣。若并车辆而无焉，以数十人负载之，走一月始达，其力之委于无用者更多，斯益分利矣。又如开矿，无机器而百人乃任此役，有机器则数人任之而有余。推之凡百工作，莫不皆然。夫人只有此数也，人之力只有此数也。用之于此，则不能同时复用之于彼。以一人一日可成之物，而今乃需百人百日，则此九十九人九十九日，皆委之无用也。故曰分利。此等若充类至尽，则虽以今日极文明国之工艺，庸讵知后人视之，不有以为分利之尤者乎。故以分利之罪罪我工佣，不可也。虽然，以今日我国之工，与欧美诸国之工比较，固不可不谓之分利。若此者，非民之罪，有司之罪也；非一人之罪，团体之罪也。

以上说“劳力而仍分利者”竟。

吾今日欲取中国民数而约计之，以观其生利分利之比较。中国无统计，虽有巧算，万不能得其真，率不过就鄙见臆度而已，然谅所举者有少无多也。

- 中国四万万人
  - 妇女约二万万（分利者约十之六七）……约一万三千万
  - 男子约二万万
    - 老幼者约八千万（分利者约十之六七）……四千五百万
    - 丁男约一万万二千万
      - 官吏约三十余万……三十余万
      - 读书人约三百万……三百万
      - 兵勇及应武试者约四百万……四百万
      - 缘附于官以为食者约四百万……四百万
      - 僧道约三十万……三十万
      - 纨袴浪子土豪乡绅共约五百万……五百万
      - 盗贼棍骗共约五百万……五百万
      - 乞丐约三百万……三百万
      - 奴婢娼优约五十万……五十万
      - 罪囚约四十万……四十万
      - 废疾约二十万……二十万
      - 农工商业之分利者约三百万……三百万
      - 其以钝拙迟旷而分利者不计
      - 其余不便归类者约百万……一百万

大约四万万人中，分利者二万万一千万有奇，自余则为生利者。

又分中国人为五大族，稽其民业之大略而比较之。

一、汉族：约分利者十之五有奇，生利者十之四有奇。

二、满洲族：其在关外者，生利分利之率，约与汉人等；其在内地者，皆分利者，无一生利者。因本朝定例，禁满洲人不许从事工商业。故其人在内地者，非官则兵，非读书人则纨袴子，否则缘附于官以为食，终无可以生利之道。

三、苗族：约分利者十之二，生利者十之八。

四、回族：约分利者十之三，生利者十之七。

五、蒙古族：约分利者十之四，生利者十之六。

大抵分利之人，多出于上等社会、中等社会，而下等社会之人殆稀。盖惟挟持强权者，乃得取他人所生之利而坐分之也。以上所举分利诸种族，除乞丐、奴婢、罪囚、废疾等数种外，其余大率皆以一人而分数人之利者也。窃尝计之，非以三四人之所赢，绝不足以偿一人之所耗。吾中国四万万人，分利者既二万万有奇矣；而此之二万万，又非徒尽蚀彼之二万万而遂足以给之也，必二倍焉，四倍焉。呜呼！若之何民不穷且匮也！亦幸而吾土地之饶，物汇之衍，小民生产力之大且厚，犹足勉强支持弥缝以迄今日也。不然者，吁！无孑遗久矣。然此顾可久恃乎？彼生利之二万万人者，自生之而自食之，裕如也。今乃每人加以三倍四倍之负担，虽强有力，何以堪此？穷之蹙之，至无复之，则不得不转而入于乞丐、盗贼、棍骗、罪囚之数途。于是分利者益增，而生利者益减；分利者愈加多，则其余生利者之负担愈加重，愈不得不折而入于分利。如是递相为因，递相为果，极其弊，可以使一群之人，分利者七八，而生利者不得一二，高丽是已。夫至以八九人分一二人所生之利，则分之者亦宁有幸焉？涸辙之鱼，相煦以沫，其毙直须时耳！夫以吾中国之民，勤俭善储，吾固信其无下侪于高丽之惧；虽然，吾中国所处之地位，亦与高丽异。以五洲第一天府之国，择肉者眈眈于其旁，吾国之总母财既日减消，而他国之母财且日输入。彼利用吾土地，利用吾劳力，以运其母而殖其子，子之所殖，则彼之物而非我之物也。如是彼盈一度，则我朒一度。吾之总母财，有岁减而无岁增，其事至易明矣。至于母财无复可斥，而一国之人不聊生矣，印度是也。彼印度之土，岂小于我？其人岂远鲜于我？而今竟若此！吾念及此，而不禁汗流浃背，泪涔涔其承睫也。我国人之处堂而嬉游釜而戏者，其亦一动心焉否也？

夫以今不及二万万之生利者，于自养之外，复养彼二万万有奇之三四倍分利者，而其力犹可以勉支；则我国民之生产力，可以四五倍于自养，昭昭然也。使无彼二万万之分利者以蚀之，则彼二万万生利者之所殖，必四五倍，是全国之总岁殖，视今日增四五倍也。使彼二万万分利者，更转生利焉，则全国之总岁殖，视今日必增八倍乃至十倍，又昭昭然也。吾中国土地第一，劳力第一，生产之三要素，既优占其二，所缺者独资本耳。使傅以八倍十倍于今日之母财，则与万国争商战于地球，谁能御之？此犹就分功未精器械未备时言之耳。使精矣备矣，而复加以人无不尽之力，地无不尽之利，则其富率之骤涨，岂复巧历所能算也！国富矣，而犹弱于人，吾未之闻也。若是乎，二十世纪生计竞争之世界，果让我执牛耳而莫与京也。虽然，饥人说食，终不能饱，吾奈此苍生何哉！吾奈此苍生何哉！

他省吾不深知，吾请言粤事，吾粤自前督南皮张公改闱姓为正饷，合肥李公改番摊杂赌为正饷以来，生计界日益蹙，其乡市子弟相与语曰："吾与其力穑于田而日得百钱，何如佣役于博而日得数百？或且喝雉成卢，一掷巨万也！"于是阖省人趋之者十而五六，至于田功、手技、小贩、舆夫、负戴等种种杂工，日乏一日。小民何知，谓转移执事以为吾利也，殊不知一省之总劳力日掷于虚牝，一省之总母财，日耗于尾闾。曾几何时，今则一金仅易斗粟余矣！此最近报。畴昔以分利为利者，而究何利也？粤中近日之窘状，其根原虽非一端，然官吏之开赌以增分利之率，以消蚀此有限之劳力、有限之母财，实其原因之最重要者也。故粤中盗贼之多，亦甲于天下。虽由其俗之偷，亦岂不以生利者之不堪负担，迫而为此也！使循此不变，十年之后，吾粤民之生利者，将不及二三，而分利者必至七八矣。此吾所谓递相为因、递相为果之例也。今也粤人之在诸省中，以最富闻者也，而其弊既若此。呜呼！诸省可以鉴矣。

读者勿以吾为家人筐箧之言也。今日生计竞争之世界，一国之荣瘁升沉皆系于是。君不见联军入京以后，岂尝索我一抔土，而惟汲汲然扩张其商务权力范围之为务。彼岂必潴吾宫，屋吾社，系累吾子弟，然后谓之亡？然后谓之灭？剥吾肤焉，盬吾脑焉，吮吾血焉，驯使我萎黄憔悴干枯瘦死，而其所欲固已给矣！然则吾应之之道奈何？曰：政府当道，固与有责焉。虽然，此必非恃政府当道一二人之力所能拯救也！其最要之着，不可不求一国中生利人多，分利人少；其转移之次第，先求我躬勿为分利者，复阐明学理，广劝一国人使皆耻为分利者；复讲求政策，务安插前此之分利者，使有自新之道，以变为生利者。天下事无中立，不进则退。此两者消长之率，若克一变，则吾国其庶几有瘳乎！虽然，改革之业，相因者也。将欲变甲，必先变乙；及其变乙，又当变丙。语及政策，则谁与思之？谁与行之？呜呼！予欲无言。

# 第十五节　论毅力

曾子曰："士不可以不弘毅。任重而道远，仁以为己任，不亦重乎！死而后已，不亦远乎！"圣哉斯言！圣哉斯言！欲学为"人"者，苟非于此义笃信死守，身体而力行之，虽有高志，虽有奇气，虽有异才，终无所成。

人治者，常与天行相搏，为不断之竞争者也。天行之为物，往往与人类所期望相背，故其反抗力至大且剧。而人类向上进步之美性，又必非可以现在之地位而自安也。于是乎人之一生，如以数十年行舟于逆水中，无一日而可以息。又不徒一人为然也，大而至于一民族，更大而至于全世界，皆循兹轨道而日孜孜者也。其希望愈远，其志事愈大者，其所遭拂戾之境遇必愈众。譬犹泛涧沚者，与行江河者，与航洋海者之比例，其艰难之程度，恒与其所历境界之广狭相应。事理固然，无足怪者。

天下古今成败之林，若是其莽然不一途也。要其何以成？何以败？曰："有毅力者成，反是者败。"盖人生历程，大抵逆境居十六七，顺境亦居十三四。而顺逆两境，又常相间以迭乘。无论事之大小，而必有数次乃至十数次之阻力。其阻力虽或大或小，而要之必无可逃避者也。其在志力薄弱之士，始固曰吾欲云云，吾欲云云。其意以为天下事固易易也。及骤尝焉，而阻力猝来，颓然丧矣。其次弱者，乘一时之客气，透过此第一关，遇再挫而退。稍强者，遇三四挫而退。更稍强者，遇五六挫而退。其事愈大者，其遇挫愈多，其不退也愈难。非至强之人，未有能善于其终者也。夫苟其挫而不退矣，则小逆之后必有小顺，大逆之后必有大顺。盘根错节之既破，而遂有应刃而解之一日。旁观者徒艳羡其功之成，以为是殆幸运儿，而天有以宠彼也。又以为我蹇于遭逢，故所就不彼若也。庸讵知所谓蹇焉幸焉者，彼皆与我之所同，而其能征服此蹇焉，利用此幸焉与否，即彼成我败所由判也。更譬诸操舟，如以兼旬之期行千里之地者，其间风潮之或顺或逆，常相参伍。彼以坚苦忍耐之力，冒其逆而突过之，而后得从容以容度其顺。我则或一日而返焉，或二三日而返焉，或五六日而返焉；故彼岸终不可得达也。孔子曰："譬如为山，未成一篑，止，吾止也。譬如平地，虽覆一篑，进，吾往也。"孟子曰："有为者譬若掘井，掘井九仞而不及泉，犹为弃井也。"成败之数，视此而已。

人不可无希望，然希望常与失望相倚。至于失望，而心盖死矣。养其希望勿使失者，厥惟毅力。故志不足恃，气不足恃，才不足恃，惟毅力者足恃。昔摩西古代之第一伟人也。彼悯犹太人受轭于埃及也，是其志之过人也。然其携之以出埃及也，始焉犹太人不欲。经十余年，乃能动焉。既动矣，而埃及人尼之截之，经十余战乃能出焉。既出矣，而所欲至之目的不得达。彷徨沙漠中者，又四十年焉。使摩西毅力稍不足，或于其初也，见犹太人之顽锢难动，而灰其心焉；于其中也，见埃及人之强悍难敌，而灰其心焉；于其终也，见迦南乐土之艰险不易达，而灰其心焉。苟有一者，则摩西必为失败之人，无可疑也。

昔哥仑布，新世界之开辟者也。彼信海西之必有大陆，是其识之过人也。然其蚤年，丧其爱妻，丧其爱子，丧其资财，穷饿无聊，行乞于市。既而游说于豪贵，豪贵笑之；建白于葡萄牙政府，政府斥之。及其承西班牙王之命，初航海也，舟西指，六十余日不见寸土。同行之人，失望思归，从而尼之挠之者，不下十数次；乃至共谋杀其身，饮其血。使哥仑布毅力稍不足，则初焉以穷困而沮，继焉以不遇知己而沮，继焉以艰难而沮，终焉以险祸而沮。苟有一者，则哥仑布必为失败之人无可疑也。

昔巴律西，法兰西著名之美术家也。尝悯法国磁器之粗拙，欲改良之，筑灶以试验者数年，家资尽罄。再筑灶而益以薪，又复失败。已无复三度筑灶之资，犹复集土器三百余，附窑以试验之。历一日夜不交睫，曾无尺寸功。如是者殆十年，卒为第四度最后之大试验，乃作灶于家，砖石筑造，皆躬自任。阅七八月，灶始成。乃抟土制器，涂药入灶。火热一昼夜间，坐其旁以待旦。其妻持朝食供之，终不忍离。至第二日，质终未融。日沉西，又不去，待之。于是蓬首垢面，憔悴无人形。如是者越三日、四日、五日、六日，相续至七日，未一假寐，而功遂不就。自兹以往，调新质而捣炼之，坐守十余日二十日以为常。最后一度，质既备，火既焚，热既炽，功将成矣，薪忽告竭，而火又不能灭也。巴律西爽然自失，伤其功之将堕，乃拔园篱之木以代之。犹不足，碎其桌及椅，投诸火。犹不足，碎其架。犹不足，碎其榻。犹不足，碎其门。妻子以为狂，号于室而奔告其邻。未几所烧之质遂融，色光泽，俨然良器矣。于是巴律西送其至困极苦之生涯于此器者，已十八年。使巴律西毅力稍不足者，则必为失败之人，无可疑也。

昔维尔德，创设海底电线之人也。彼其拥巨万之赀，倾心以创此业。欲自美至英，超海以通电信。请助于英政府，几经哀求，始见许。而美国议院，为激烈之反对，其赞助仅以一票之多数得通过，亦既困难极矣。及其始敷设也，第一次至五百里而失败。第二次至二百里，以电流不通而失败。第三次将告成矣，而所乘之军舰，又以倾射不能转运，线亦中断。第四次以两军舰，一向爱尔兰，一向尼科德兰，相距三里，线仍断。第五次再试，则两舰距离八十里，电流始通，又突失败。监督诸员皆绝望。资本家亦有悔志。第六次，至海上七百里，地名利鞠者，电信始通，谓已成矣。既而电流忽突然停止，又复失败。第七次更别购良线，建设至距尼科德兰六百里处，将近结果，线又断。此大业遂阅一年有奇，而维尔德之家资已耗尽矣。犹复哓音瘏口，劳魂瘁形，游说英、美之有力者，别设一新公司，而功乃始就，至今全地球食其利。使维尔德毅力稍不足者，则虽历一次、二次，乃至三、四、五、六、七、八次，其终为失败之人，无可疑也。

此其最著者也。乃若的士黎礼，四度争议员选举不第，而卒为英名相。加里波的，五度起革命军不成，而卒建新意大利。士提反孙之作行动机器也，十五年始成。瓦德之作蒸气机器也，三十年始成。孟德斯鸠之《万法精理》，二十五年始成。斯密亚丹之《原富》，十年始成。达尔文之《种源论》，十六年始成。吉朋之《罗马衰亡史》，二十年始成。倭斯达之《大辞典》，三十六年始成。马达加斯加之传教师，十年始得一信徒。吉德林之传教于缅甸，拿利林之传教于中国，一则五年，一则七年，乃得一信徒。

由此观之，世无论古今，业无论大小，其卓然能成就以显于世而传于后者，岂有一不自坚忍沉毅而来哉？又不徒西国为然也。请征诸我先民。勾践之在会稽也，田单之在即墨也，汉高之在荥阳成皋也，皆其败也，即其所以成也。使三子者，毅力稍不足，则为失败之人也。张骞之使西域也，濒于死者屡，往往不食数日，乃至十数日，前后历十三年，而卒宣汉威于域外。使骞毅力稍不足，则为失败之人也。刘备初用徐州而蹶，次用豫州而又蹶，次用荆州而又蹶。年将垂暮，始得益州以定大业。使备毅力稍不足，则为失败之人也。玄奘以唐国师之尊，横葱岭，适印度，猛兽困之，瘴疠困之，饥渴困之，语言之不通困之，卒经十七年，尽学其正法外道，归而弘布于祖国。使玄奘毅力稍不足，则为失败之人也。

且勿征诸远，即最近数十年来，威德巍巍，照耀寰宇，若曾文正其人者，其初起时之困心衡虑，宁复可思议。饷需则罗掘不足，《与李小泉书》云：“仆在衡极力劝捐，总无起色。所入皆钱，尚不满万。各邑绅士来衡，殷殷相助。奈乡间自乏此物，莫可如何！欲放手一办，辄复以此阻败，只恼人耳！”又《复骆中丞书》云：“捐输一事，所托之友，所发之书，盖已不少。据称待至岁暮，某处一千，某处五百，俱可按籍而索。事虽同乎水中之月，犹冀得乎十分之五。一经摇动，则全局皆空。”云云。盖当时以乡绅办团，只恃捐输，不仰帑藏故也。兵勇则调和两难，文正在衡初办团时，标兵疾之，至闯人公所与之为难。文正仅以身免，其文集中书札卷二《与王璞山书》《上吴甄甫制军书》各篇，苦情如诉，词多不录。将裨则驾驭匪易。《复骆中丞书》云：“王璞山本侍所器倚之人。今年于各处表暴其贤，盖亦口疲于赞扬，手倦于书写。而璞山不谅我心，颇生猜嫌。侍所与之札，饬言撤勇事者，概不回答。既无公牍，又无私书。曾未同涉风波之险，已有不受节制之意。同舟而树敌国，肝胆而变楚越。”云云。当时用人之难，可见一斑矣。类此者犹夥。衡州水师，经营积年。甫出即败于靖港。愤欲自沉，覆思乃止。直至咸丰十年，任江督，驻祁门，而苏常新陷，徽州继之，圜左右八百里皆贼地。或劝移营江西以保饷源，或劝迁麾江干以通粮路。文正乃曰：“吾去此寸步无死所！”及同治元年，合围金陵之际，疾疫忽行。上自芜湖，下迄上海，无营不病，杨（岳斌）、曾（国荃）、鲍（超）诸统将，皆呻吟床蓐。堞无守望之兵，厨无炊爨之卒。而苦守力战，阅四十六日，乃得拔。事后自言，此数月中，心胆俱碎。观其与邵位西书云：“军事非权不威，非势不行。弟处无权无势之位，常冒争权争势之嫌。年年依人，顽钝寡效。”与刘霞仙书云：“虹贯荆卿之心，而见者以为淫氛；碧化苌弘之血，而览者以为顽石。古今同慨，我岂伊殊？屈累所以一沉而万世不复者，良有以也。”又复郭筠仙书云：“国藩昔在湖南江西，几于通国不能相容。六七年间，浩然不欲复闻世事。然造端过大，以不顾生死自命，宁当更问毁誉。以拙进而以巧退，以忠义劝人，而以苟且自全，即魂魄犹有余羞。”盖当时所处之困难，如此其甚也！功成业定之后，论者以为乘时际会，天独厚之。而岂知其停辛竚苦，铢积寸累，百折不回，而始有今日也。使曾文正毅力稍不足者，则其为失败之人，无可疑也。

呜呼！综观此中西十数君子，则我辈所以求自立于天地间者，可以思矣！可以兴矣！拿破仑曰：“兵家胜败，在最后之十五分钟而已。盖我困之时，人亦困之时也，我疲之时，人亦疲之时也。际人之困疲，而我一鼓勇气以继之，则胜利固不得不在我。”此言乎成功之术之非难也。古语曰：“行百里者半九十。”此言乎成功之道之非易也。难耶？易耶？惟志士自择之！

抑成败云者，又非可以庸耳俗目而论定者也。凡人所志所事愈大，则其结果愈大，而成就亦愈迟。如彼志救一国者，而一国之进步，往往数十百年乃始得达。志救天下者，而天下之进步，往往数百千年乃始得达。而此眇眇七尺之躯壳，虽豪杰，虽圣贤，曾不能保留之使逾数十寒暑以外。然则事事而欲亲睹其成，宁复有大事之可任耶！是故当知马丁路得固成也，而拉的马、列多黎、格兰玛三人皆为宗教革命而死者，格兰玛缚于柱而焚杀。亦不可谓不成。哥仑布固成也，而伋顿曲伋顿曲在夏威夷为土人所杀。亦不可谓不成。狄渥固成也，而噶苏士亦不可谓不成。加富尔固成也，而玛志尼亦不可谓不成。大久保、木户固成也，而吉田松阴、藤田东湖亦不可谓不成。曾国藩固成也，而江忠源、罗泽南、李续宾亦不可谓不成。成败云者，惟其精神，不惟其形式也。不然，若孔子干七十二君无所用，伐檀削迹，老于道路。若耶稣受磔十字架，其亦可谓之败耶？其亦可谓之败耶？

故真有毅力者，惟怀久远之希望，而不计目前之成败。非不求成，知其成非在旦夕，故不求也。成且不求，而宁复有可败之道乎？浅见者流，睹其躯壳之或窜或锢或杀，而妄拟议之曰，是实败焉。而岂知天下事，固往往败于今而成于后，败于我而成于人。有既造之因，必有终结之果。天下惟不办事者，立于全败之地，而真办事者固必立于不败之地也。故吾尝谓毅力有二种：一曰兢惕于成败，而竭全力以赴之，鼓余勇以继之者，刚毅之谓也。二曰解脱于成败，而尽天职以任之，献生命以殉之者，沉毅之谓也。

若是者，岂唯一私人为然耳，即一民族亦有然。伟大之民族，其举动常有一远大之目的，汲汲焉向之以进行，历数十年数百年如一日。不观英国乎？自克伦威尔以来，以通商殖民为国是，尔后数百年不一退转，驯至世界大地图中，五大洋深绿色里，斑斑作朱点者，皆北端渺渺三岛之附从奴仆也。十字角之旗，翩翻五大陆万岛屿之上，乃至不与日同出入，而至今犹歉然若不足。殖民大臣漫游全世界，汲汲更讲涨进之法。不见俄国乎？自彼得大帝以来，以东向侵略为国是，尔后数百年不一退转。其于近东也，欧亚诸国合力沮之。其于远东也，乃至欧亚美诸国全力沮之，而锐气不稍挫。近日确然益树实力于满洲，而达达尼尔事件，此最近之国际问题。俄国蔑视柏林条约，以兵船渡土耳其之达达尼尔海峡，以出黑海也。又见告矣。计全球数十国中，其有朝气方鼎盛者，不过十数。揆厥所由，未有不自彼国民之有毅力来者也。岂无一二仗客气，趁风潮，随雄国以学邯郸步者？然昙花一瞥，颓落依然。今南美洲诸国，是其前车也。孟子曰："祸福无不自己求之者。"天之降鉴下民，岂有所私耶？呜呼！国民国民，可以鉴矣！

吾观我祖国民性之缺点，不下十百，其最可痛者，则未有若无毅力焉者也。其老辈者，有权力者，众目之曰守旧。夫守旧则何害，英国保守党之名誉历史，岂不赫赫在人耳目耶？现内阁亦保守党。然守则守矣，既守之，则当以身殉之。顾何以戊戌新政一颁，而举国无守旧党者，竟三阅月也。义和团之起也，吾党虽怜其愚，而犹惊其勇，以为排外义愤，有足多焉。而何以数月之力，不能下一区区使馆也？而何以联军一至，其在下者，惟有顺民旗，不复有一义和团；其在上者，惟有二毛子，不复有一义和团也！各省闹教之案，固野蛮之行也。虽然，吾闻日本三十年前，固常有民间暴动，滥戕外人之事。及交涉起，其首事者，则自戕于外国官吏之前，不以义愤贻君父忧。而吾国民之为此者，何以一呼而蜂蚁集，一哄而鸟兽散，不顾大局，而徒以累国家也。若夫所谓新进者，稍知外事者，翘然揭橥一维新之徽章于额角。夫维新则岂非善事？然既新矣，则亦当以身殉之！顾何以见声色而新者去其十之三四，语金钱而新者去其十之五六，睹宦达而新者且去其十之八九也。或曰："此盖其心术败坏使然，彼其在初固未尝确有见于旧之宜守，确有见于新之不可以已也。不过伺朝廷之眼波，以为显官计；博时髦之虚名，以为啖饭地耳。"吾谓此等人固自不少，而吾终不敢以此阴险黠诈之恶名，尽概天下士也。要之，其志力薄弱，知及而仁不能守，有初而鲜克有终者，比比然尔！彼守旧者不足道矣。至如号称维新者流，论者或谓但有此辈，亦慰情胜无。呜呼！吾窃以为误矣。天下事不知焉者尚有可望，知而不行者则无可望。知而不行尚有可望，行而不能力不能终者最无可望。故得聪明而软弱者亿万，不如得朴诚而沉毅者一二。今天下志士亦纷纷矣，其大多数者，果属于此，抑属于彼？吾每一念及，不能不为我国前途疑且惧也。嗟乎！一国中朝野上下，人人皆有假日偷乐之心，有遑恤我后之想。翩翩年少，弱不禁风；皤皤老成，尸居余气。无三年能持续之国的，无百人能固结之法团。呜呼！有国如此，不亡何待哉！不亡何待哉！

守旧者吾无责焉，伪维新者吾无责焉！吾请正告吾党之真有志于天下事者曰：公等勿恃客气也，勿徒悚动于一时之高论，以为吾知此，吾言此，而吾事毕也。西哲有恒言："知责任者大丈夫之始，行责任者大丈夫之终。"吾侪不认此责任则已耳，苟既认之，则当如妇人之于所天，终身不二，矢死靡他。吾侪初知责任之日，即此身初嫁与国民之日也。自顶至踵，夫岂复我所得私？于此而欲不亹亹焉，夫亦安得避也？然天下事，顺逆之常相倚也又如彼。吾党乎！吾党乎！当知古今天下，无有无阻力之事。苟其畏阻力也，则勿如勿办，竟放弃其责任，以与齐民伍。而不然者，则种种烦恼，皆为我练心之助；种种危险，皆为我练胆之助；种种艰大，皆为我练智练力之助。随处皆我之学校也，我何畏焉？我何怨焉？我何馁焉？我愿无尽，我学无尽，我知无尽，我行无尽。孔子曰："望其圹，睪如也，臬如也！君子息焉，小人休焉。"毅之至也！圣之至也！

# 第十六节 论义务思想

义务与权利对待者也，人人生而有应得之权利，即人人生而有应尽之义务，二者其量适相均。其在野蛮之世，彼有权利无义务、有义务无权利之人，盖有焉矣。然此其不正者也，不正者固不可以久，苟世界渐趋于文明，则断无无权利之义务，亦断无无义务之权利，惟无无权利之义务也，故尽瘁焉者不必有所惧；惟无无义务之权利也，故自逸焉者不必有所歆。

夫不正之权利义务而不可以久者何也？物竞天择之公理，不许尔尔也。权利何自起？起于胜而被择。胜何自起？起于竞而获优。优者何？亦其所尽义务之分量，有以轶于常人耳。难者曰："天演力之行，匪独今也，彼前此所谓有权利无义务、有义务无权利者，亦不可谓非优劣之结果也。彼其未尝为人群尽丝毫义务，而腼然拥其优胜之资格，以睥睨一切者，方充塞于历史，而子乃以义务为优胜之因，不亦迂乎？"应之曰："不然，凡天下无论正不正之权利，当其初得之之始，必其曾尽特别之义务，而乃以相偿者也。即如世袭之君权，至不正者也。然其始乌乎得之？民初为群，散漫柔弱，于是时也，有能富于膂力，为众人捍禽兽之患，挫外敌之暴者，乃从而君之；又或纪纲混乱，无所统一，于是时也，有能运其心思才力，为众人制法立度，调和其争者，乃从而君之；又或前朝不纲，海宇鼎沸，于是时也，有能以只手削平大难，使民安其业者，乃从而君之。若是夫彼所尽于一群之义务，固有以异于常人也。故推原其朔，不得谓之不正，不正者，在后此之袭而受之者云尔。”篡弑得国者，虽易姓而其威权实凭借于前代，故可视之与世袭者同例。至外族夺国之事，下文论之。彼凭借此既得之权利而滥用之，因以反抗天演大例，使竞争力不能遵常轨，然后一切权利义务，乃不相应。故专制政体之国，必束缚其民之心思才力于无可争之地，若中国之以科举取士，以资格任官，皆是也。非此则其不正之权利无由保也。虽然，天演固非可久抗者，譬诸水然，为堤以障之，固未尝不可使之改其常度。移时则或溢而出焉，或决而溃焉，而水之性，终必复旧。故夫权利义务，两端平等而相应者，其本性也。故近今欧美诸国所谓不正之权利义务，殆既绝迹，而此后之中国，亦岂能久抗焉？岂能久障焉？新民子曰：“自今以往，苟尽义务者，其勿患无权利焉尔；苟不尽义务者，其勿妄希冀权利焉尔。”

附记：或难吾权利初起皆得自义务之说，谓：“即以君权论，若彼外族之夺我国土，而久享此无义务之权利者，其谓之何？”应之曰：“此有两说：其一，仍由于承袭者，盖承数千年不正之君权积威约之渐，苟篡得此位，即承袭其余荫也。其二，则国民义务思想太浅薄，故人得乘虚而入也。夫朝纲紊乱，从而正之者，国民之义务也；国中有乱，从而戡之者，国民之义务也；而皆不能焉。是举国中皆放弃其义务矣。既放弃其义务，自不能复有其权利，正天演之公例也。而彼外族者反入而代我还定安集之，彼虽非为我尽义务，然与我比较，其所尽抑犹优于我矣。彼外族入主中夏而能卜世稍久者，皆此之由也。彼虽不正，然我只当自怨，宁能怨人？”

恫哉，吾国民义务思想之薄弱也！吾昔著《论权利思想之切要》，吾知闻者必将喜焉，则嚣嚣然起曰：“我其争权利！我其争权利！”虽然，吾所谓权利思想者，盖深恨吾国数千年来有人焉长拥此无义务之权利，而谋所以抗之也。而误听吾言者，乃或欲自求彼无义务之权利，且率一国人而胥求无义务之权利，是何异磨砖以求镜，炊沙以求饭也。吾请申言权利与义务相待之义：父母之于子也，蚤年有养子之义务，故晚年有受养于子之权利；夫之于妻也，有保护之之义务，故有使妻从我之权利；佣之于主也，有尽瘁执事之义务，故有要求薪俸之权利，此其最浅者也。为子者必能自尽其为人之义务，而无藉父母之代劳，然后得要求父母许以自由之权利，亦其义也。然此不过就一私人与一私人之交涉言耳。若夫相聚而成一群。所以乐有群者，为群既立，而我可藉群之力，以得种种之权利也，然群非漫然而能立者也，必循生计学上分劳任功之大例。一群之人，咸各亹亹焉，群之匮乏，我既补之；群之急难，我既赴之，则群之安富尊荣，我固得自享之。是谓无无权利之义务，使群中之人，有一焉游手而无业者，则其群之实力少一分，使群中之人而皆尔焉，则是群之自杀也，故群中之有业者，虽取彼无业者饮食之权利而并夺之，亦不得谓之非理，何也？是债主对于负债者所得行之手段也，食群之毛，践群之土，乃逋群负而不偿，则群中之权利，岂复彼所得过问也？是谓无无义务之权利。

吾言中国人无义务思想，请举其例。政治学者言国民义务有两要件：曰纳租税也，曰服兵役也。夫国也非能自有恒产也，民不纳租税，则政费何所出？划而命之曰一国，是必有他国与之对待也，民不服兵役，则国防何由立？而吾国民最畏此二事，若以得免之为大幸者，此最志行薄弱之征也。昔之颂君德者，皆以免征减赋为第一仁政，若宋之改征兵为佣兵，本朝康熙间下永不加赋之谕，皆民间所最讴歌而最感戴者也，而岂知兵由于佣者，则爱国心必不可得发现；而永不加赋者，苟欲为民事新有所兴作，费无所出，而善举亦不得不废也。

泰西诸国则异是，凡成年者皆须服二三年之兵役，而民莫或避；租税名目如鲫，其岁纳之额，四五倍于我国，而民莫或怨。彼宁不自宝其血肉，自惜其脂膏也。顾若此者，彼自认此义务，而知有与义务相对待之权利以为之偿也。匈加利之被压制于奥政府也，卒以奥法交战，奥人不得不藉匈兵力而遂以恢复自治宪法。千八百六十年事。西人有一恒言曰："不出代议士，不纳租税。"英之"大宪章"权利法典，皆挟租税以为要求者也；法之大革命，亦以反此公例而酿成者也。故欧西人民对国家之义务，不辞其重，而必要索相当之权利以为之偿。中国人民对国家之权利不患其轻，而惟欲逃应尽之义务以求自逸，是何异顽劣之童，不服庭训，乃曰："吾不求父母之养我，而但求父母之勿劳我也。"夫无父母之养，则不能自存，而既养则不能勿劳，此不可避之数也。惟养且劳，然后吾与父母之关系日益切密，而相爱之心乃起。故权利义务两思想，实爱国心所由生也。人虽至愚，未有不愿受父母之养者，顽童之所以宁弃此权利者，不过其畏劳之一念使然耳。今之论者，每以中国人无权利思想为病，顾吾以为无权利思想者，乃其恶果；而无义务思想者，实其恶因也。我国民与国家之关系日浅薄，驯至国之兴废存亡，若与己漠不相属者，皆此之由。

今吾不急养义务思想，则虽日言权利思想，亦为不完全之权利思想而已。是犹顽童欲勿劳而又贪父母之养也，是犹惰佣不力作而欲受给于主人也。吾见今之言权利者，颇有类于是焉矣，日歆羡他人之自由民权，而不考其所以得此之由。他人求之而获之，而我则望其自来；他人以血以泪购之，而我欲以口以舌为易。他人一国中无大、无小、无贵、无贱、无富、无贫，而皆各自认其相当之义务。返之吾国，若者为官吏之义务，若者为士君子之义务，若者为农工商之义务，若者为军人之义务，若者为保守党之义务，若者为维新党之义务，若者为温和派之义务，若者为急激派之义务，若者为青年之义务，若者为少年之义务，若者为妇女之义务。问有一人焉，审诸自己之地位，按诸自己之才力，而敢自信为已尽之而无所欠缺者乎？无有也。虽有七子之母，而无一人顾其养焉，虽谓之无子焉可也。虽有四万万人之国，而无一人以国家之义务为义务，虽谓之无民焉可也。无民之国，何以能国？

抑吾中国先哲之教，西人所指为义务教育者也，孝也，弟也，忠也，节也，岂有一焉非以义务相责备者？然则以比较的言之，中国人义务思想之发达，宜若视权利思想为远优焉。虽然，此又不完全之义务思想也，无权利之义务，犹无报偿之劳作也，其不完全一也。有私人对私人之义务，无个人对团体之义务，其不完全二也。吾今将论公义务。

# 第十七节　论尚武

世人之恒言曰："野蛮人尚力，文明人尚智。"呜呼！此知二五而不知一十之言，迂偏而不切于事势者也。罗马文化，灿烁大地，车辙马迹，蹂躏全欧。乃一遇日耳曼森林中之蛮族，遂踣蹶而不能自立，而帝国于以解纲。夫当日罗马之智识程度，岂不高出于蛮族万万哉？然柔弱之文明，卒不能抵野蛮之武力。然则尚武者国民之元气，国家所恃以成立，而文明所赖以维持者也。卑斯麦之言曰："天下所可恃者非公法，黑铁而已！赤血而已！"宁独公法之无足恃，立国者苟无尚武之国民，铁血之主义，则虽有文明，虽有智识，虽有众民，虽有广土，必无以自立于竞争剧烈之舞台。

而独不见斯巴达乎？斯巴达之教育，一干涉严酷之军人教育也。婴儿之生，必由官验其体格，不及格者，扑灭之。生及七岁，即使入幼年军队，教以体育，跣足裸体，恶衣菲食，以养成其任受劳苦凌犯寒暑忍耐饥渴之习惯。饮食教诲，皆国家专司其事。成年结婚而后，亦不许私处家中；日则会食于公堂，夜则共寝于营幕。乃至妇人女子，亦与男子同受严峻之训练，虽老妇少女，亦皆有剽悍勇侠之风。其母之送子从军也，命之曰：“祝汝负楯而归，否则以楯负汝而归。”举国之男女老少，莫不轻死好胜，习以成性。故其从征赴敌，如习体操，如赴宴会，冒死喋血，曾不知有畏怯退缩之一事。彼斯巴达一弹丸之国耳，举国民族，寥寥不及万人，顾乃能内制数十万之异族，外挫十余万之波军，雄霸希腊，与雅典狎主齐盟也。曰：惟尚武故。

独不见德意志乎？十九世纪之中叶，日耳曼民族，分国散立，萎靡不振，受拿破仑之蹂躏，既不胜其屈辱，乃改革兵制，首创举国皆兵之法。国民岁及二十，悉隶兵籍，是以举国之人，无不受军人之教育，具军人之资格。卑斯麦复以铁血之政略，达民族之主义，日讨国人而训之，划涤其涣漫薾靡之旧习，养成其英锐不屈之精神。今皇续起，以雄武之英姿，力扩其民族帝国之主义，其视学之敕语曰：“务当训练一国之少年，使其资格可以辅朕雄飞于世界。”故其国民勇健奋发，而德意志遂为世界唯一之武国。彼德新造之邦，至今乃仅三十年，顾乃能摧奥仆法，伟然雄视于欧洲也。曰：惟尚武故。

而独不见俄罗斯乎？俄国国于绝北苦寒之地，拥旷漠硗确之平原，以农为国，习于劳苦。故其民犷悍坚毅，富于野蛮之力，触冒风暑，忍耐艰苦，坚朴雄鸷，习为风气，而又全体一致服从命令，其性质最宜于军队。且其先皇彼得遗训，以侵略为宗旨，其主义深入于国民心脑，人人皆有蹴踏全球蹂躏欧亚之雄心。彼其顽犷之蛮力，鸷忍之天性，虽有万众当前，必不足遏其锋而慑其气。夫俄罗斯半开之国耳，文化程度，不及欧美之半，顾乃西驰东突，能寒欧人之胆，论者且谓斯拉夫民族，势力日盛，将夺条顿人之统绪，代为世界之主人翁，若是者何也？曰：惟尚武故。

且非独欧洲诸国为然也，我东邻之日本，其人数仅当我十分之一耳，然其人剽疾轻死，日取其所谓武士道大和魂者，发挥而光大之。故当其征兵之始，尚有哭泣逃亡，曲求避免者。今则入队之旗，祈其战死，从军之什，祝勿生还，好武雄风，举国一致。且庚子之役，其军队之勇锐，战斗之强力，且冠绝联军，使白人俯首倾倒。近日汲汲于体育之事，务使国民皆具军人之本领，皆蓄军人之精神。彼日本区区三岛，兴立仅三十年耳，顾乃能一战胜我，取威定霸，屹然雄立于东洋之上也。曰：惟尚武故。

乃至脱兰士哇尔，独立不成而可谓失败者矣。然方其隐谋独立之初，已阴厚蓄其武力。儿童就学，授以猎枪，使弋途过森林之飞鸟，至学则殿最其多少以为赏罚，预养挽强命中之才，使皆可以执干戈而卫社稷。是以战事一起，精锐莫当，乃至少女妇人，亦且改易装服，荷戟从戎。彼脱兰士哇尔弹丸黑子，不能当英之一县，胜兵者数万人耳，顾乃能抗天下莫强之英。英人糜此百万之巨费，调三十万之精兵，血战数年，仅乃克服，若是者何也？亦曰：惟尚武故。此数国者，其文化之浅深不一辙，其民族之多寡不一途，其国土之广狭不一致，要其能驰骋中原，屹立地球者，无不恃此尚武之精神。抟抟大地，莽莽万国，盛衰之数，胥视此矣！

恫夫中国民族之不武也，神明华胄，开化最先。然二千年来，出而与他族相遇，无不挫折败北，受其窘屈，此实中国历史之一大污点，而我国民百世弥天之大辱也！自周以来，即被戎祸，一见迫于玁狁，再见辱于犬戎。秦汉而还，匈奴凶悍，以始皇之雄鸷，仅乃拒之于长城之外；以汉高之豪武，卒至围窘于白登之间。汉武雄才大略，大张兵力于国外，卫霍之伦，络绎出塞；然收定南粤，威震西域，卒不能犁庭扫穴，组系单于。匈奴之患，遂与汉代相终始。降及魏晋，五胡煽乱，犬羊奔突于上国，豕蛇横噬于中原，江山无界，宇宙腥膻。匈奴鲜卑，羌氐胡羯，迭兴递盛，纵横于黄河以北者二百五十有余年。李唐定乱，兵气方新，李靖败突厥于阴山，遂俘颉利，此实为汉族破败外族之创举；然屡征高丽，师卒无功，且突厥契丹，吐蕃回纥，迭为西北之边患，以终唐世。五季之间，石晋割燕云十六州以赂契丹，衣冠之沦于异类者数十年，且至称臣称男，称侄称孙，汉族之死命，遂为异族所轭制。宋之兴也，始受辽患，徽钦之世，女真跳梁。当是时也，谋臣如云，猛将如雨，然极韩岳张吴诸武臣之力，卒不能制幺么小丑兀术之横行。金势既衰，蒙古继起，遂屋宋社而墟之，泱泱之神州，穰穰之贵种，俯首受轭于游牧异族威权之下。垂及百年，明兴而后，势更弱矣。一遇也先而帝见虏，再遇满洲而国遂亡。呜呼！由秦迄今，二千余岁耳，然黄帝之子孙，屈伏于他族者三百余年。北方之同胞，屈伏于他族者且七百余年，至于边塞之患，烽隧之警，乃更无一宁岁，而卒不能赫怒震击以摧其凶焰，发愤挞伐以戢其淫威。

呜呼！我神明之华胄，聪秀之人种，开明之文化，何一为蛮族所敢望，顾乃践蹴于铁骑之下，不能一抑首伸眉以与之抗者？岂不以武力脆弱，民气懦怯，一动而辄为力屈也。藐兹小丑，且不能抗，况今日迫我之白人，挟文明之利器，受完备之训练，以帝国之主义，为民族之运动。其雄武坚劲，绝非匈奴突厥女真蒙古之比，曷怪其一败再败而卒无以自立也。中国以文弱闻于天下，柔懦之病，深入膏肓，乃至强悍性成驰突无前之蛮族，及其同化于我，亦且传染此病，筋弛力脆，尽失其强悍之本性。呜呼！强者非一日而强也，弱者非一日而弱也，履霜坚冰，由来渐矣，吾尝察其受病之源，约有四事。

一由于国势之一统。人者多欲而好胜之动物也，衣服饮食，货物土地，皆生人所借以自养，而为人人所欲望之事。人人同此欲望，即人人皆思多取。故人与人相处，必求伸张其权利，侵他人之界而无所餍；国与国角立，亦必求伸张其权利，侵他人之界而无所餍。然彼之欲望权利之心，固无以异于此也，则必竭力抗争，奋腕力以自卫，稍一恇怯，稍一退让，即失败而无以自存。是故列国并立，首重国防，人骛于勇力，士竞于武功，苟求保此权利，虽流漂杵之血，枯万人之骨而不之悔。而其时人士，亦复习于武风，眦睚失欢，挺身而斗，杯酒失意，白刃相仇，借躯报仇，恬不为怪，尚气任侠，靡国不然。远观之战国，近验之欧洲，往事亦可观矣。若夫一统之世，则养欲给求而无所与竞；闭关高枕而无所与争；向者之勇力武功无所复用。其心渐弛，其气渐柔，其骨渐脆，其力渐弱。战国尊武，一统右文，固事势所必至，有不自知其然者矣。我中国自秦以来，久大一统，虽间有南北分割，不过二三百年，则旋归于统合，土地辽广，物产丰饶。虽有异种他族环于其外，然谓得其地不足郡县，得其人不足臣民，遂鄙为蛮夷而不屑与争，但使其羁縻勿绝拒杜勿来而已，必不肯萃全力而与之竞胜。太平歌舞，四海晏然，则习为礼乐揖让，而相尚以文雅，好为文词诗赋训诂考据，以奇耗其材力，即有材武桀勇者，亦闲置而无所用武，且以粗鲁莽悍，见屏于上流社会之外。重文轻武之习既成，于是武事废堕，民气柔靡，二千年之腐气败习，深入于国民之脑。遂使群国之人，奄奄如病夫，冉冉如弱女，温温如菩萨，戢戢如驯羊。呜呼！人孰不恶争乱而乐和平，而乌知和平之弱我毒我乃如是之酷也。

二由于儒教之流失。宗教家之言论，类皆偏于世界主义者也，彼本至仁之热心，发高尚之哲理，故所持论，皆谋人类全体之幸福。故西方之教，曰太平天国，曰视敌如己；天竺之教，曰冤亲平等，曰一切众生，无不破蛮触之争战，以黄金世界为归垆。儒教者固切近于人事者也，然孔子之作《春秋》，则务使诸夏夷狄，远近若一，以文致太平。《礼运》之述圣言，则力言不独亲亲，不独子子，以靳至大同，亦莫不破除国界，以至仁博爱为宗旨。斯固皆悬至善以为的，可为理论而未能见之实行者也。然奉耶教之民，皆有坚悍好战之风；奉佛教之民，亦有轻视生死之性；独儒教之国，奄然怯弱者何也？《中庸》之言曰："宽柔以教，不报无道。"《孝经》之言曰："身体发肤，不敢毁伤。"故儒教当战国之时，已有儒懦儒缓之诮。然孔子固非专以懦缓为教者也，见义不为，谓之无勇，战阵无勇，斥为非孝，曷尝不以刚强剽劲耸发民气哉？后世贱儒，便于藏身，摭拾其悲悯涂炭矫枉过正之言，以为口实，不法其刚而法其柔，不法其阳而法其阴，阴取老氏雌柔无动之旨，夺孔学之正统而篡之，以莠乱苗，习非成是，以强勇为喜事，以冒险为轻躁，以任侠为大戒，以柔弱为善人，惟以“忍”为无上法门。虽他人之凌逼欺胁，异族之蹴践斩刈，攫其权利，侮其国家，乃至掠其财产，辱其妻女，亦能俯首顺受，忍奴隶所不能忍之耻辱，忍牛马所不能忍之痛苦，曾不敢怒目攘臂而一与之争。呜呼！犯而不校，诚昔贤盛德之事，然以此道处生存竞争弱肉强食之世，以此道对鸷悍剽疾虎视鹰击之人，是犹强盗入室，加刃其颈，而犹与之高谈道德，岂惟不适于生存，不亦更增其耻辱邪？法昔贤盛德之事，乃养成此柔脆无骨、颓惫无气、刀刺不伤、火爇不痛之民族，是岂昔贤所及料也。

三由霸者之摧荡。霸者之有天下也，定鼎之初，即莫不以偃武修文为第一要义。夫振兴文学，宁非有国之急务，乃必先取其所谓武者而偃之，彼岂果谓“马上得之者，必不能马上治之”哉？又岂必欲销兵甲，兴礼乐，文致太平以为美观也哉？霸者之取天下，类皆崛起草泽，间关汗马，奋强悍之腕力，屈服群雄而攫夺之。彼知天下之可以力征经营，我可以武力夺之他人者，他人亦将可以武力夺之我也，则日讲縢缄扃镉之策，务使有力者不能负之而趋。故辇毂之下，有骁雄之士，强武有力之人，以睥睨其卧榻之侧，则霸者有所不利；草泽之下，有游侠任气之风，萃材桀不驯之徒，相与上指天下画地，嚣然以材武相竞，则霸者尤有不利。既所不利，则不能不去之以自安。去之之术有二：其先曰“锄”。一人刚而万夫皆柔，一人强而天下皆弱，此霸有天下者之恒情也。其敢不柔弱者杀无赦，虽昔日所视为功狗，倚为长城者，不惜翦薙芟荑，以绝子孙之患；其敢有喑呜叱咤慷慨悲歌于田间陇畔者，则尤触犯忌讳，必当严刑重诛，无俾易种。秦皇之销铸锋鍉，汉景之狝艾游侠，汉高明太之葅醢功臣，殆皆用锄之一术矣。然前者僵仆，后者愤踊，锄之力亦将有所穷也，乃变计而用“柔”之一术。柔之以律令制策，柔之以诗赋词章，柔之以帖括楷法，柔之以簿书期会，柔其材力，柔其筋骨，柔其言论，乃至柔其思想，柔其精神。尽天下之人士，虽间有桀骜枭雄者，皆使之敝精疲神缠绵歌泣于讽诵揣摩患得患失之中，无复精神材力以相竞于材武，不必僇以斧钺，威以刀锯，而天下英雄尽入彀中，无复向者喑呜叱咤慷慨悲歌之豪气。一霸者起，用此术以摧荡之，他霸者起，亦用此术，以摧荡之。经二十四朝之摧陷廓清，士气索矣，人心死矣，霸者之术售矣。呜呼！又岂料承吾敝者别有此狞猛枭鸷之异族也。

四由习俗之濡染。天下移人之力未有大于习惯者也。西秦首功，而女子亦知敌忾；斯巴达重武，而妇人亦能轻死。夫秦与斯巴达之人，岂必生而人人有此美性哉，风气之所薰，见闻之所染，日积月累，久之遂形为第二之天性。我中国轻武之习，自古然矣。鄙谚有之曰：“好铁不打钉，好人不当兵。”故其所谓军人者，直不啻恶少无赖之代名词；其号称武士者，直视为不足齿之伧父。夫东西诸国之待军人也，尊之重之，敬之礼之，馨香尸祝之。一人军籍，则父母以为荣，邻里以为幸，宗族交游以为光宠，皆视此为人生第一名誉之事。唯东西人之重视之也如此，故举国人之精神，莫不萃于此点，一切文学诗歌剧戏小说音乐，无不激扬蹈厉，务激发国民之勇气，以养为国魂。惟我中国之轻视之也如彼，故举国皆不屑措意，学人之议论，词客所讴吟，且皆以好武喜功为讽刺，拓边开衅为大戒；其所谓名篇佳什，类皆描荷戟从军之苦况，咏战争流血之惨态，读之令人垂首丧志，气夺神沮，至其小说戏剧，则惟描写才子佳人旖旎冶揲之柔情，其管弦音乐，则惟谱演柔荡靡曼亡国哀思之郑声。一群之中，凡所接触于耳目者，无一不颓损人之雄心，销磨人之豪气，恶风潮之所漂荡，无人不中此恶毒。如疫症之传染，如肺病之遗种，虽有雄姿英发之青年，日摩而月刓之，不数年间，遂颓然如老翁，靡然如弱女。呜呼！群俗者冶铸国民之炉火，安见颓废腐败之群俗，而能铸成雄鸷沉毅之国民也？

凡此数者之恶因，皆种之千年以前，至今日结此一大恶果者也。且夫人之所以为生，国之所以能立，莫不视其自主之权；然其自主权之所以保安，则莫不恃自卫权为之后盾。人以恶声加我，我能以恶声返之；人以强力凌我，我能以强力抗之。此所以能排御外侮，屹然自立于群虎眈眈万鬼睒睒之场也。然返人恶声，抗人强力，必非援据公法樽俎折冲之所能为功，必内有坚强之武力，然后能行用自卫之实权。我以病夫闻于世界，手足瘫痪，已尽失防护之机能，东西诸国，莫不磨刀霍霍，内向而鱼肉我矣。我不速拔文弱之恶根，一雪不武之积耻，二十世纪竞争之场，宁复有支那人种立足之地哉？然吾闻吾国之讲求武事，数十年矣。购舰练兵，置厂制械，整军经武，至勤且久，然卒一熸而尽者何也？曰："彼所谓武，形式也；吾所谓武，精神也。无精神而徒有形式，是蒙羊质以虎皮，驱而与猛兽相搏击，适足供其攫啖而已。"诚欲养尚武之精神，则不可不备具三力。

一曰心力。西儒有言曰："女子弱也，而为母则强。"夫弱女何以忽为强母？盖其精神爱恋，咸萃于子之一身，子而有急，则挺身赴之。虽处人生艰险畏怖之境，壮夫健男之所却顾者，彼独挥手直前，尽变其娇怯袅娜弱不胜衣之故态，彼其目中心中，止见有子而已，不见有身，更安见所谓艰险，更安见所谓畏怖。盖心力散涣，勇者亦怯；心力专凝，弱者亦强。是故报大仇，雪大耻，革大难，定大计，任大事，智士所不能谋，鬼神所不能通者，莫不成于至人之心力。张子房以文弱书生而椎秦，申包胥以漂泊逋臣而存楚，心力之驱迫而成之也。越之沼吴，楚之亡秦，希腊破波斯王之大军，荷兰却西班牙之舰队，亦莫非心力之驱迫而成之也。呜呼！境不迫者心不奋，情不急者力不挚。曾文正之论兵也，曰："官军击贼，条条皆是生路，惟向前一条是死路；贼御官军，条条皆是死路，惟向前一条是生路。官军之不能敌贼者以此。"今外人逼我，其圈日狭，其势日促，直不啻以百万铁骑，蹙我孤军于重围之中矣。舍突围向前之一策，更无所谓生路！虎逐于后，则懦夫可蓦绝涧；火发于室，则弱女可越重檐。吾望我同胞激其热诚，鼓其勇气，无奄奄敛手以待毙也。

一曰胆力。天下无往非难境，惟有胆力者无难境；天下无往非畏途，惟有胆力者无畏途。天岂必除此难境畏途以独私之哉？人间世一切之境界，无非人心所自造，我以为难以为畏，则其心先馁，其气先慑，斯外境得乘其虚怯而窘之，若悍然不顾，其气足以相胜，则置之死地而能生，置之亡地而能存。项羽沉舟破釜以击秦，韩侯背水结阵以败楚，彼其众寡悬殊，岂无兵力不敌之危境哉？然奋其胆力，卒以成功。讷尔逊曰："吾不识畏为何物。"彼其平生阅历，岂无危疑震憾之险象哉？然奋其胆力，卒以成功。自古英雄豪杰，立不世之奇功，成建国之伟业，何一非冒大险，夷大难，由此胆力而来者哉？然胆力者，由自信力而发生者也。孟子曰："自反而不缩，虽褐宽博，吾不惴焉？自反而缩，虽千万人，吾往矣。"国之兴亡亦然，不信之人，而信之己。国民自信其兴则国兴，国民自信其亡则国亡。昔英将威士勒之言曰："中国人有可以蹂躏全球之资格。"我负此资格而不能自信，不能奋其勇力，完此资格，以与列强相见于竞争之战场。惟是日惧外人之分割，日畏外人之干涉，不思自奋，徒为恇怯。彼狞猛枭鸷之异族，宁以我之恇怯而辍其分割干涉邪？呜呼！怯者召侮之媒，畏战者必受战祸，惧死者卒蹈死机，恇怯岂有幸也？孟子曰："未闻以千里畏人。"吾望我同胞奋其雄心，鼓其勇气，无畏首畏尾以自馁也。

一曰体力。体魄者，与精神有切密之关系者也。有健康强固之体魄，然后有坚忍不屈之精神。是以古之伟人，其能负荷艰巨，开拓世界者，类皆负绝人之异质，耐非常之艰苦。陶侃之习劳，运甓不间朝夕；史可法之督师，七日目不交睫；拿破仑之治军，日睡仅四小时；格兰斯顿之垂老，步行能逾百里；俾斯麦之体格，重至二百八十余磅，其筋骸坚固，故能凌风雨，冒寒暑，撄患难劳苦，而贯澈初终。彼鞑靼之种人，斯拉夫之民族，亦皆恃此野蛮体力，而遂能钳制他族者也。德皇威廉第二之视学于柏林小学校，其敕训曰："凡我德国臣民，皆当留意体育。苟体育不讲，则男子不能负兵役，女子不能孕产魁梧雄伟之婴儿。人种不强，国将何赖？"故欧洲诸国，靡不汲汲从事于体育，体操而外，凡击剑、驰马、蹴鞠、角觝习射、击枪、游泳、竞渡诸戏，无不加意奖励，务使举国之人，皆具军国民之资格。昔仅一斯巴达者，今且举欧洲而为斯巴达矣。中人不讲卫生，婚期太早，以是传种，种已孱弱。及其就傅之后，终日伏案，闭置一室，绝无运动，耗目力而昏眊，未黄耇而驼背。且复习为娇惰，绝无自营自活之风，衣食举动，一切需人，以文弱为美称，以羸怯为娇贵。翩翩年少，弱不禁风，名曰丈夫，弱于少女。弱冠而后，则又缠绵床笫以耗其精力，吸食鸦片以戕其身体，鬼躁鬼幽，跶步欹跌，血不华色，面有死容，病体奄奄，气息才属。合四万万人，而不能得一完备之体格。呜呼！其人皆为病夫，其国安得不为病国也？以此而出与狞猛枭鸷之异族遇，是犹驱侏儒以斗巨无霸，彼虽不持一械，一挥手而我已倾跌矣。呜呼！生存竞争，优胜劣败，吾望我同胞练其筋骨，习于勇力，无奄然颓惫以坐废也。

呜呼！今日之世界，固所谓"武装和平"之世界也。列强会议，日言弭兵，然左订媾和修好之条约，右修扩张军备之议案。盖强权之世，惟能战者乃能和，故美国独立他洲，素不与闻外事者也。然近年以来，日增军备，且尽易其门罗主义，一变而为帝国主义。盖欧洲霸气横决四溢，苟渡大西洋而西注，则美国难保其和平，故不能不先事预防，厚内力以御之境外。夫欧洲诸国，势均力敌，欧洲以内，既无用武之地矣。然内力膨胀，郁勃磅礴而必求一泄，挟其民族帝国主义，日求灌而泄之他洲。我以膏腴沃壤，适当其冲。于是万马齐足，万流汇力，一泄其尾闾于亚东大陆。今日群盗入室，白刃环门，我不一易其文弱之旧习，奋其勇力，以固其国防，则立羸羊于群虎之间，更何术以免其吞噬也。呜呼！甲午以来，一败再败，形见势绌，外人咸以无战斗力轻我矣。然《语》不云乎："一人救死，万夫莫当！"彼十九世纪之初期，法兰西何尝不以一国而受全欧之敌，然拿破仑率其剽悍之国民，东征西击，卒能取威定霸，奋扬国威。彼四十余万之法人，乃能蹴踏全欧，我以十倍法人之民族，顾不能攘外而立国，何衰惫若斯之甚也！《诗》曰："天之方蹶，无为夸毗。"柔脆无骨之人，岂能一日立于天演之界，我国民纵阙于文明之智识，奈何并野蛮之武力而亦同此消乏也。呜呼！噫嘻！

# 第十八节 论私德

吾自去年著《新民说》，其胸中所怀抱欲发表者，条目不下数十，而以公德篇托始焉。论德而别举其公焉者，非谓私德之可以已；谓夫私德者，当久已为尽人所解悟践履。抑且先圣昔贤，言之既已圆满纤悉，而无待末学小子之哓哓词费也。乃近年以来，举国嚣嚣靡靡，所谓利国进群之事业，一二未睹，而末流所趋，反贻顽钝者以口实，而曰新理想之贼人子而毒天下。噫！余又可以无言乎！作论私德。

## 一、私德与公德之关系

私德与公德，非对待之名词，而相属之名词也。斯宾塞之言曰："凡群者皆一之积也，所以为群之德，自其一之德而已定。群者谓之拓都，一者谓之幺匿，拓都之性情形制，幺匿为之。幺匿之所本无者，不能从拓都而成有；幺匿之所同具者，不能以拓都而忽亡。按；以上见侯官严氏所译《群学肄言》，其云拓都者，东译所称团体也；云幺匿者，东译所称个人也。谅哉言乎！夫所谓公德云者，就其本体言之，谓一团体中人公共之德性也；就其构成此本体之作用言之，谓个人对于本团体公共观念所发之德性也。夫聚群盲不能成一离娄，聚群聋不能成一师旷，聚群怯不能成一乌获。故一私人而无所私有之德性，则群此百千万亿之私人，而必不能成公有之德性，其理至易明也。盲者不能以视于众而忽明，聋者不能以听于众而忽聪，怯者不能以战于众而忽勇。故我对于我而不信，而欲其信于待人，一私人对于一私人之交涉而不忠，而欲其忠于团体，无有是处！此其理又至易明也。若是乎今之学者，日言公德，而公德之效弗睹者，亦曰国民之私德，有大缺点云尔！是故欲铸国民，必以培养个人之私德为第一义。欲从事于铸国民者，必以自培养其个人之私德为第一义。

且公德与私德，岂尝有一界线焉？区划之为异物哉？德之所由起，起于人与人之有交涉。使如《鲁敏逊漂流记》所称，以孑身独立于荒岛，则无所谓德，亦无所谓不德。而对于少数之交涉，与对于多数之交涉，对于私人之交涉，与对于公人之交涉，其客体虽异，其主体则同。故无论泰东、泰西之所谓道德，皆谓其有赞于公安公益者云尔！其所谓不德，皆谓其有戕于公安公益者云尔！公云私云，不过假立之一名词，以为体验践履之法门。就泛义言之，则德一而已，无所谓公私；就析义言之，则容有私德醇美，而公德尚多未完者。断无私德浊下，而公德可以袭取者！孟子曰："古之人所以大过人者，无他焉，善推其所为而已矣。"公德者，私德之推也。知私德而不知公德，所缺者只在一推。蔑私德而谬托公德，则并所以推之具而不存也。故养成私德，而德育之事思过半焉矣。

## 二、私德堕落之原因

私德之堕落，至今日之中国而极！其所以致此之原因，甚复杂不得悉数，当推论其大者得五端：

（一）由于专制政体之陶铸也。孟德斯鸠曰："凡专制之国，间或有贤明之主，而臣民之有德者则甚希。试征诸历史，乃君主之国。其号称大臣近臣者，大率皆庸劣、卑屈、嫉妒、阴险之人，此古今东西之所同也。不宁惟是，苟在上者多行不义，而居下者守正不阿；贵族专尚诈虞，而平民独崇廉耻，则下民将益为官长所欺诈所鱼肉矣。故专制之国，无论上下贵贱，一皆以变诈倾巧相遇。盖有迫之使不得不然者矣！若是乎专制政体之下，固无所用其德义，昭昭明甚也。"夫物竞天择之公例，惟适者乃能生存。吾民族数千年生息于专制空气之下，苟欲进取，必以诈伪；苟欲自全，必以卑屈。其最富于此两种性质之人，即其在社会上占最优胜之位置者也。而其稍缺乏者，则以劣败而澌灭，不复能传其种于来裔者也。是故先天之遗传，盘踞于社会中，而为其公共性。种子相熏，日盛一日。虽有豪杰，几难自拔，盖此之由！不宁惟是，彼跼蹐于专制之下，而全躯希宠以自满足者，不必道。即有一二达识热诚之士，苟欲攘臂为生民请命，则时或不得不用诡秘之道，时或不得不为偏激之行。夫其人而果至诚也，犹可以不因此而磷缁也。然习用之，则德性之漓，固已多矣。若根性稍薄弱者，几何不随流而沉汨也？夫所谓达识热诚，欲为生民请命者，岂非一国中不可多得之彦哉？使其在自由国，则大政治家、大教育家、大慈善家，以纯全之德性，温和之手段，以利其群者也。而今乃迫之使不得不出于此途，而因是堕落者，十八九焉。嘻！是殆不足尽以为斯人咎也。

（二）由于近代霸者之摧锄也。夫其所受于数千年之遗传者既如此矣！而此数千年间，亦时有小小之污隆升降，则帝者主持而左右之最有力焉！西哲之言曰："专制之国，君主万能。"非虚言也。顾亭林之论世风，谓东汉最美，炎宋次之，而归功于光武、明章、艺祖、真仁。《日知录》卷十三云："汉自孝武表章六经之后，师儒虽盛，而大义未明，故新莽居摄，颂德献符者遍天下。光武有鉴于此，乃尊崇节义，敦厉名实，所举用者莫非经明行修之士，而风俗为之一变。至其末造，朝政昏浊，国事日非，而党锢之流，独行之辈，依仁蹈义，舍命不渝，'风雨如晦，鸡鸣不已'，三代以下，风俗之美，无尚于东京者。"又云："宋史言'士大夫忠义之气，至于五季，变化殆尽。艺祖首褒韩通，次表卫融，以示意向。真仁之世，田锡、王禹称、范仲淹、欧阳修诸贤，以直言谠论倡于朝。于是中外荐绅知以名节为高，廉耻相尚，尽去五季之陋。故靖康之变，士投袂起而勤王，临难不屈，所在有之。及宋之亡，忠节相望'。"且从而论之曰："观哀平之可以变而为东京，五代之可以变而为宋，则知天下无不可变之风俗。"此其言虽于民德污隆之总因，或有所未尽乎？然不得不谓为重要关系之一端矣。

尝次考三千年来风俗之差异，三代以前，邈矣弗可深考。春秋时，犹有先王遗民。自战国涉秦，以逮西汉，而懿俗顿改者，集权专制之趋势。时主所以刍狗其民者，别有术也。战国虽混浊，而犹有任侠尚气之风。及汉初而摧抑豪强，朱家、郭解之流，渐为时俗所姗笑。故新莽之世，献符阉媚者遍天下，则高、惠、文、景之播其种也。至东汉而一进，则亭林所论，深明其故矣。及魏武既有冀州，崇奖跅弛之士，于是权诈迭进，奸伪萌生。建安廿二年八月下令，求负污辱之名见笑之行，不仁不孝，而有治国用兵之术者。光武明章之泽，扫地殆尽。每下愈况，至五季而极！千年间民俗之靡靡，亦由君主之淫乱，有以扬其波也。及宋乃一进艺祖以检点作天子，颇用专制力，挫名节以自固。君臣坐而论道之制，至宋始废。盖范质辈与艺祖并仕周，位在艺祖上，及入宋为宰相，而远嫌自下也。而真仁守文，颇知大体，提倡士气。宋俗之美，其大原因固不在君主，而君主亦与有力焉。胡元之篡，衣冠涂炭，纯以游牧水草之性驰骤吾民，故九十年间，暗无天日。及明而一进。明之进也，则非君主之力也。明太祖以刻鸷之性，摧锄民气，戮辱臣僚，其定律至立不为君用之条，令士民毋得以名节自保。以此等专制力所挫抑，宜其恶果更烈于西汉。而东林、复社，舍命不渝。鼎革以后，忠义相属者，则其原因别有在也。详下节。下逮本朝，顺康间首开博学鸿词以絷遗逸，乃为贰臣传以辱之！晚明士气，斲丧渐尽。及夫雍干，主权者以悍鸷阴险之奇才，行操纵驯扰之妙术，摭拾文字小故以兴冤狱，廷辱大臣耆宿以蔑廉耻。乾隆六十年中，大学士尚侍供奉诸大员，无一人不曾遭黜辱者。又大为《四库提要》《通鉴辑览》等书，排斥道学，贬绝节义。自魏武以后，未有敢明目张胆，变乱黑白，如斯其甚者也。然彼犹直师商韩六虱之教，而人人皆得喻其非。此乃阴托儒术刍狗之言，而一代从而迷其信。呜呼！何意百炼钢，化为绕指柔？百余年前所播之恶果，今正荣兹稔熟，而我民族方刈之，其秽德之敻千古而绝五洲，岂偶然哉！岂偶然哉！

（三）由于屡次战败之挫沮也。国家之战乱，与民族之品性，最有关系。而因其战乱之性质异，则其结果亦异。今先示其类别加下：

- 战乱
  - 战乱时
    - 本国内乱
      - 暂
      - 久
    - 外国战争
      - 主动者
      - 被动者
  - 战乱后
    - 本国内乱
    - 外国战争
      - 征服者
      - 被征服者

内乱者，最不祥物也。凡内乱频仍之国，必无优美纯洁之民。当内乱时，其民必生六种恶性：一曰侥幸性。才智之徒，不务利群，而惟思用险鸷之心术，攫机会以自快一时也。二曰残忍性。草剃禽狝之既久，司空见惯，而曾不足以动其心也。三曰倾轧性。彼此相阋，各欲得而甘心。杯酒戈矛，顷刻倚伏也。此三者，桀黠之民所含有性也。四曰狡伪性。朝避猛虎，夕避长蛇，非营三窟，不能自全也。五曰凉薄性。一身不自保，何况恋妻子？于至亲者尚不暇爱，而遑能爱人？故仁质斵丧澌灭以至于尽也。六曰苟且性。知我如此，不如无生。暮不保朝，假日偷乐；人人自危，无复远计。驯至与野蛮人之不知将来者，无以异也！此三者，柔良之民所含有性也。当内乱后，其民亦生两种恶性：一曰恐怖性。痛定思痛，梦魂犹噩；胆汁已破，勇气全销也。二曰浮动性。久失其业，无所依归，秩序全破，难复故常也。故夫内乱者，最不祥物也。以法国大革命，为有史以来，惊天动地之一大事业。而其结果，乃至使全国之民，互相剚刃于其腹。其影响乃使数十年以后之国民，失其常度。史家波留谓法国至今不能成完全之民政，实由革命之役，斲丧元气太过，殆非虚言也！

内乱之影响，则不论胜败，何也？胜败皆在本族也。故恢复平和之后，无论为新政府旧政府，其乱后民德之差异，惟视其所以劳来还定补救陶冶者何如。而暂乱偶乱者，影响希而补救易；久乱频乱者，影响大而补救难！此其大较也。若夫对外之战争则异是！其为主动以伐人者，则运用全在军队，而境内安堵焉。惟发扬其尚武之魂，鼓舞其自尊之念。故西哲曰："战争者，国民教育之一条件也。"是可喜而非可悲者也。其为被动而伐于人者，其影响虽与内乱绝相类，而可以变侥幸性为功名心，变残忍性为敌忾心，变倾轧性而为自觉心；乃至变狡伪性而为谋敌心，变凉薄性而为敢死心，变苟且性而为自保心，何也？内乱则已无所逃于国中，而惟冀乱后之还定。外争则决生死于一发，而怵于后时之无可回复也。故有利用敌国外患以为国家之福者，虽可悲而非其至也。外争而自为征服者，则多战一次，民德可高一级。德人经奥大利之役，而爱国心有加焉；经法兰西之役，而爱国心益有加焉。日本人于朝鲜之役、中国之役亦然，皆其例也。若夫战败而为被征服者，则其国民固有之性，可以骤变忽落，而无复痕迹。夫以斯巴达强武之精神，照耀史乘，而何以屈服于波斯之后，竟永为他族藩属，而所谓军国民之纪念，竟可不复睹也？波兰当十八世纪前，泱泱几霸全欧，何以一经瓜分后，而无复种民固有之特性也？燕、赵古称多慷慨悲歌之士，今则过于其市，顺民旗飘飐焉。问昔时屠狗者，阒如也，何也？自五胡、元魏、安史、契丹、女真、蒙古、满洲以来，经数百年六七度之征服，而本能湮没尽矣。夫在专制政体之下，既已以卑屈诈伪两者，为全身进取之不二法门矣。而况乎专制者之复非我族类也？故夫内乱与被征服二者，有一于此，其国民之人格，皆可以日趋卑下。而中国乃积数千年内乱之惯局，以脓血充塞历史，日伐于人，而未尝一伐人；屡被征服，而不克一自征服。此累变累下种种遗传之恶性，既已弥漫于社会。而今日者，又适承洪、杨十余年惊天动地大内乱之后。而自欧势东渐以来，彼征服者，又自有其征服者。且匪一而五六焉，日瞵眈于我前，国民之失其人性，殆有由矣！

（四）由于生计憔悴之逼迫也。管子曰："仓廪实而知礼节，衣食足而知荣辱。"孟子曰："民无恒产，斯无恒心；苟无恒心，放僻邪侈，救死不赡，奚暇礼义！"呜呼！岂不然哉！岂不然哉！并世之中，其人格最完美之国民，首推英、美，次则日耳曼。之三国者，皆在全球生计界中，占最高之位置者也。西班牙葡萄牙人，在数百年前，深有强武活泼沉毅严整之气度。今则一一相反，皆由生计之日蹙为之也。其最劣下者，若泰东之朝鲜人，安南人，则生计最穷迫不堪之民也。俄罗斯政府，以鹰瞵虎视之势，震慑五陆，而其人民称罪恶之府，黑暗无复天日，日本人有露西亚亡国论，穷形尽相。亦生计沉窘之影响也。彼虚无党以积年游说煽动之力，而不能得多数之同情，乃不得已而出于孤注凶险之手段，亦为此问题所困也。日本政术，几匹欧美，而社会道德，百不逮一。亦由其富力之进步，与政治之进步，不相应也。

夫世无论何代，地无论何国，固莫不有其少数畸异绝俗之士，既非专制魔力所能束缚，亦非恒产困乏所能销磨。虽然，不可以律众人也！多数之人民，必其于仰事俯蓄之外，而稍有所余裕，乃能自重而惜名誉，泛爱而好慈善。其脑筋有余力，以从事于学问，以养其稍高尚之理想。其日力有余暇，以计及于身外，以发其顾团体之精神。而不然者，朝饔甫毕，而忧夕飧；秋风未来，而泣无褐。虽有仁质，岂能自冻馁以念众生？虽有远虑，岂能舍现在以谋将来？西人群学家言，谓文明人与野蛮人之别，在公共思想之有无，与未来观念之丰缺。而此两者，所以差异之由，则生计之舒蹙，其尤着者也。故贪鄙之性、褊狭之性、凉薄之性、虚伪之性、谄阿之性、暴弃之性、偷苟之性，强半皆由生计憔悴造之。生计之关系于民德，如是其切密也。我国民数千年来，困于徭役，困于灾疠，困于兵燹。其得安其居乐其业者，既已间代不一觏。所谓虚伪、褊狭、贪鄙、凉薄、谄阿、暴弃、偷苟之恶德，既已经数十世纪，受之于祖若宗社会之教育，降及现世，国之母财，岁不增殖。而宫廷土木之费，官吏苞苴之费，恒数倍于政府之岁入。国民富力之统计，每人平均额，不过七角一分有奇。据日本横山雅男氏之统计调查，日币七十钱有奇。而外债所负，已将十万万两。利息在外。以致有限之物力，而率变为不可复之母财，若之何民之可以聊其生也？而况乎世界生计竞争之风潮，席卷而来，而今乃始发轫也？民德之腐败堕落，每下愈况。呜呼！吾未知其所终极矣！

（五）由于学术匡救之无力也。彼四端者，养成国民大多数恶德之源泉也。然自古移风易俗之事，其目的虽在多数人，其主动恒在少数人。若缺于彼而有以补于此，则虽敝而犹未至其极也。东汉节义之盛，光武明章之功，虽十之三，而儒学之效，实十之七也。唐之与宋，其专制之能力相若，其君主之贤否亦不甚相远，而士俗判若天渊者，唐儒以词章浮薄相尚，宋儒以道学廉节为坊也。魏晋六朝之腐败原因，虽甚杂复，而老庄清谈宗派，半尸其咎也。明祖刻薄寡恩，挫抑廉隅，达于极点，而晚明士气，冠绝前古者，王学之功，不在禹下也。然则近今二百年来，民德污下之大原，从可睹矣！康熙博学鸿词诸贤，率以耆宿为海内宗仰，而皆自污贬。兹役以后，百年来支配人心之王学，扫荡靡存。船山、梨洲、夏峰、二曲之徒，抱绝学，老岩穴，统遂斩矣。而李光地，汤斌，乃以朱学闻。以李之忘亲背交，职为奸谀，李绐郑成功以覆明祀，前人无讥，全谢山始诃之。汤之柔媚取容，欺罔流俗，汤斌虽贵而食不御炙鸡，帷帐不过枲绸，尝奏对出语人曰："生平未尝作如此欺人语。"后为圣主所觉，盖公孙弘之流也。而以为一代开国之大儒，配食素王，末流所鼓铸，岂待问矣！后此则陆陇其、陆世仪、张履祥、方苞、徐干学辈，以婞婀夸毗之学术，文致其奸，其人格殆犹在元许衡吴澄之下。所谓"国朝宋学渊源记"者，殆尽于是矣。而乾嘉以降，阎王段戴之流，乃标所谓汉学者，以相夸尚，排斥宋明，不遗余力。夫宋明之学，曷尝无缺点之可指摘，顾吾独不许卤莽灭裂之汉学家容其喙也。彼汉学则何所谓学？昔乾隆间内廷演剧，剧曲之大部分，则诲乱也，诲淫也，皆以触忌讳，被呵谴，不敢进。乃专演神怪幽灵、牛鬼蛇神之事，既藉消遣，亦无愆尤。吾见夫本朝二百年来，学者之所学，皆牛鬼蛇神类耳，而其用心亦正与彼相等。

盖王学之激扬蹈厉，时主所最恶也，乃改而就朱学。朱学之严正忠实，犹非时主之所甚喜也，乃更改而就汉学。若汉学者，则立于人间社会以外，而与二千年前地下之僵石为伍。虽著述累百卷，而决无一伤时之语；虽辩论千万言，而皆非出本心之谈。藏身之固，莫此为妙。才智之士，既得此以为阿世盗名之一秘钥，于是名节闲检，荡然无所复顾。故宋学之敝，犹有伪善者流；汉学之敝，则并其伪者而亦无之。何也？彼见夫盛名鼎鼎之先辈，明目张胆，以为乡党自好者所不为之事，而其受社会之崇拜，享学界之尸祝自若也。则更何必自苦，以强为禹行舜趋之容也。昔王鸣盛著《尚书后案》《十七史商榷》等书，汉学家之巨子也。尝语人曰："吾贪赃之恶名，不过五十年。吾著书之盛名，可以五百年。"此二语者，直代表全部汉学家之用心矣！庄子曰："哀莫大于心死。"汉学家者，率天下而心死者也。此等谬种，与八股同毒，盘踞于二百余年学界之中心，直至甲午、乙未以后，而其气焰始衰。而此不痛不痒之世界，既已造成，而今正食其报，耗矣哀哉！

五年以来，海外之新思想，随列强侵略之势力以入中国。始为一二人倡之，继焉千百人和之。彼其倡之者，固非必尽蔑旧学也。以旧学之简单而不适应于时势也，而思所以补助之。且广陈众义，促思想自由之发达，以求学者之自择，而不意此久经腐败之社会，遂非文明学说所遽能移植。于是自由之说入，不以之增幸福，而以之破秩序；平等之说入，不以之荷义务，而以之蔑制裁；竞争之说入，不以之敌外界，而以之散内团；权利之说入，不以之图公益，而以之文私见；破坏之说入，不以之箴膏肓，而以之灭国粹。斯宾塞有言："衰世虽有更张，弊泯于此者，必发于彼；害消于甲者，将长于乙。合通群而核之，弊政害端，常自若也。是故民质不结，祸害可以易端，而无由禁绝。"呜呼！吾观近年来新学说之影响于我青年界者，吾不得不服斯氏实际经验之言，而益为我国民增无穷之沉痛也！夫岂不拔十得一，能食新思想者之利者，而所以偿其弊殆仅矣！《记》曰："甘受和，白受采。忠信之人，可与学礼。"又曰："橘在江南为橘，过江北则为枳。"夫孰意彼中最高尚醇美，利群进俗之学说，一入中国，遂被其伟大之同化力汩没而去也。要而论之，魏晋间之清谈、乾嘉间之考据，与夫现今学子口头之自由、平等、权利、破坏，其挟持绝异，其性质则同。而今之受痼愈深者，则以最新最有力之学理，缘附其所近受远受之恶性恶习，拥护而灌溉之。故有清二百年间，民德之变迁，在朱学时代，有伪善者，犹知行恶之为可耻也。在汉学时代，并伪焉者而无之，则以行恶为无可耻也。及今不救，恐后此欧学时代，必将有以行恶为荣者。今已萌芽于一小部分之青年矣！夫至以行恶为荣，则洪水猛兽，足喻斯惨耶？君子念此，肤粟股栗矣。

**中国历代民德升降表**

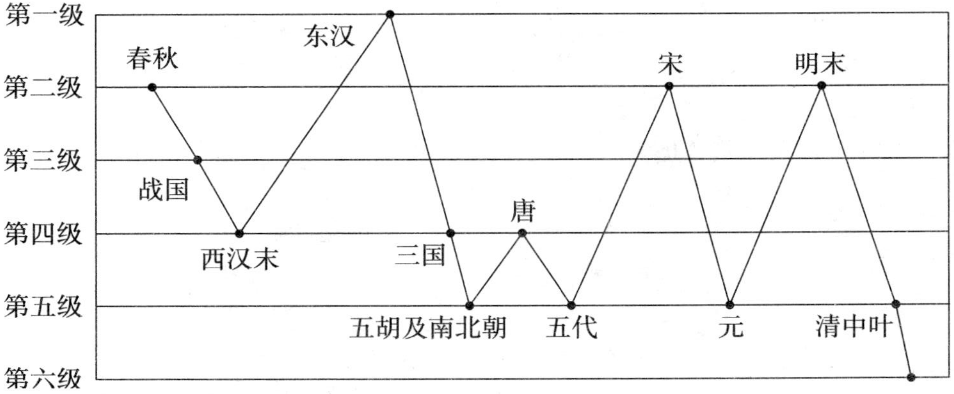


**中国历代民德升降原因表**

| | 国势 | 君主 | 战争 | 学术 | 生计 | 民德 |
|---|---|---|---|---|---|---|
| 春秋 | 列国立，贵族专制 | 权不甚重，影响颇少 | 虽多而不甚烈 | 各宗派虽萌芽而未甚发达，多承先王遗风 | 交通初开，竞争不甚剧 | 淳朴忠实 |

续 表

| | 国势 | 君主 | 战争 | 学术 | 生计 | 民德 |
|---|---|---|---|---|---|---|
| 战国 | 列国立，集权专制渐巩固 | 大率以尚武精神、外交手段两者奖励臣下 | 甚烈 | 自由思想大发达，儒墨道法纵横诸派互角，而法家纵横家最握实权 | 商业渐兴，兼并大起，苛税及兵乱，民困殊甚 | 其长在任侠尚气，其短在慓佼诈伪，破坏秩序 |
| 秦 | 中央集权专制力甚强 | 以塞民智挫民气为主 | 继续 | 屏弃群学，稍任法家 | 大窘 | 卑屈浮动 |
| 西汉 | 中央集权专制力甚强 | 高祖承用秦法，专挫任侠，刻簿寡恩 | 少 | 儒老并行 | 文景间家给人足，武昭以后稍困 | 卑屈甚于秦时 |
| 东汉 | 中央集权专制力甚强 | 光武明章奖励名节 | 少 | 儒学最盛时代，收孔教之良果 | 复苏 | 尚气节崇廉耻，风俗称最美 |
| 三国 | 本族分裂 | 魏武提倡恶风，吴蜀亦奖励权术 | 烈 | 缺乏 | 颇艰 | 污下 |

续　表

| | 国势 | 君主 | 战争 | 学术 | 生计 | 民德 |
|---|---|---|---|---|---|---|
| 六朝 | 外族侵入 | 奖励浮薄侈靡之风 | 甚多而本族率战败 | 佛老并用，词章清淡极盛 | 憔悴 | 混浊柔靡 |
| 唐 | 本族恢复中央集权，旋复分裂 | 骄汰 | 上半期平和，下半期大乱 | 儒者于词章外无所事，佛学稍发达 | 上半期颇苏，下半期大困 | 上半期柔靡卑屈，下半期混浊 |
| 五季 | 不成国 | 无主 | 战败于外族 | 无 | 民不聊生 | 最下 |
| 宋 | 主权微弱，外族频侵 | 真仁、爱民、崇礼 | 战败于外族 | 道学发达最盛，朱陆为其中心点 | 稍苏 | 尚节义而稍文弱 |
| 元 | 外族主权，专制力甚强 | 以游牧性蹴踏本族 | 本民族全败，战争与国民无与 | 摭朱学末流而精神不存 | 困 | 卑屈寡廉耻 |
| 明 | 本族恢复，专制力甚强 | 太祖残忍刻薄，挫抑民气 | 战胜后，平和时代稍长 | 王学大兴，思想高尚 | 稍苏 | 发扬尚名节，几比东汉 |

续　表

| | 国势 | 君主 | 战争 | 学术 | 生计 | 民德 |
|---|---|---|---|---|---|---|
| 清 | 外族同化，主权专制力甚强 | 雍正、乾隆以谿刻阴险威群下 | 战败后，平和时代稍长 | 士以考据词章自遁，不复知学，其黠者以腐败矫伪之朱学文其奸 | 颇苏 | 庸懦卑怯狡诈 |
| 现今 | 文明之外族侵入，主权无存 | 四十年来主权者以压制敷衍为事，近而益甚 | 内乱未已，外患又作，数败之后，四海骚然 | 旧学澌灭，新学未成，青黄不接，谬想重叠 | 漏卮既甚，而世界生计竞争风潮侵来，全国憔悴 | 恶浊达于极点，诸恶俱备 |

## 三、私德之必要

私德者，人人之粮，而不可须臾离者也。虽然，吾之论著，以语诸大多数不读书、不识字之人，莫予喻也。即以语诸少数读旧书、识旧字之人，亦莫予闻也。于是吾忠告之所得及，不得不限于少数国民中之最少数者，顾吾信夫此最少数者，其将来势力所磅礴，足以左右彼大多数者而有余也。吾为此喜，吾为此惧，吾不能已于言。

今日踸踔俊发、有骨鲠、有血性之士，其所最目眩而心醉者，非破坏主义耶？破坏之必能行于今之中国与否，为别问题，姑勿具论！而今之走于极端者，一若惟建设为需道德，而破坏则无需道德。鄙人窃以为误矣。古今建设之伟业，固莫不含有破坏之性质。古今破坏之伟人，亦靡不饶有建设之精神。实则破坏与建设，相倚而不可离；而其所需之能力，二者亦正相等。苟有所缺，则靡特建设不可得期，即破坏亦不可得望也。今之言破坏者，动引生计学上分劳之例，谓吾以眇眇之躬，终不能取天下事而悉任之。吾毋宁应于时势而专任破坏焉！既破坏以后，则建设之责，以俟君子，无待吾过虑也。此其心岂不廓然而大公也耶！顾吾以为不惟于破坏后，当有建设，即破坏前，亦当有建设。苟不尔者，则虽日言破坏，而破坏之目的，终不得达，何也？群学公例，必内固者乃能外竞。一社会之与他社会竞也，一国民之与他国民竞也，苟其本社会本国之机体未立之营卫未完，则一与敌遇而必败，或未与敌遇而先自败。而破坏主义之性质，则以本社会本国新造力薄之少数者，而悍然与彼久据力厚之多数者为难也。故不患敌之强，而惟患我之弱。我之所恃以克敌者何在？在能团结一坚固有力之机体而已。然在一社会、一国家，承累年积世之遗传习惯，其机体由天然发达，故成之尚易。在一党派则反是，前者无所凭借，并世无所利用，其机体全由人为发达，故成之最难。所谓破坏前之建设者，建设此而已！苟欲得之，舍道德奚以哉？

今之言破坏者，动曰一切破坏，此讏言也。吾辈曷为言破坏？曰："去其病吾社会者"云尔。如曰一切破坏也，是将并社会而亦破坏之也。譬诸身然，沉疴在躬，固不得不施药石。若无论其受病不受病之部位，而一切针灸之，攻泄之，则直自杀而已！吾亦深知夫仁人志士之言破坏者，其目的非在破坏社会，而不知"一切破坏"之言，既习于口而印于脑，则道德之制裁，已无可复施，而社会必至于灭亡。吾亦深知夫仁人志士之言破坏者，实鉴于今日之全社会，几无一部分而无病态也。愤慨之极，必欲翻根柢而改造之，斯固然也。然疗病者，无论下若何猛剂，必须恃有所谓"元神真火"者，以为驱病之原。苟不尔者，则一病未去，他病复来，而后病必更难治于前病。故一切破坏之言，流弊千百，而收效卒不得一也。何也？苟有破坏者，有不破坏者，则其应破坏之部分，尚可食破坏之利。苟一切破坏，则不惟将来宜成立者不能成立，即目前宜破坏者，亦卒不得破坏。此吾所敢断言也。

吾畴昔以为中国之旧道德，恐不足以范围今后之人心也，而渴望发明一新道德以补助之。参观第五节"论公德"篇。由今以思，此直理想之言，而决非今日可以见诸实际者也。夫言群治者，必曰德、曰智、曰力，然智与力之成就甚易，惟德最难。今欲以一新道德易国民，必非徒以区区泰西之学说所能为力也。即尽读梭格拉底、柏拉图、康德、黑智儿之书，谓其有"新道德学"也则可，谓其有"新道德"也则不可。何也？道德者，行也，而非言也。苟欲言道德也，则其本原出于良心之自由。无古无今，无中无外，无不同一。是无有新旧之可云也！苟欲行道德也，则因于社会性质之不同，而各有所受。其先哲之微言，祖宗之芳躅，随此冥然之驱壳，以遗传于我躬，斯乃一社会之所以为养也。一旦突然欲以他社会之所养者养我，谈何容易耶？窃尝举泰西道德之原质而析分之，则见其得自宗教之制裁者若干焉，得自法律之制裁者若干焉，得自社会名誉之制裁者若干焉，而此三者，在今日之中国能有之乎？吾有以知其必不能也。不能而犹云欲以新道德易国民，是所谓磨砖作镜，炊沙求饭也。吾固知言德育者，终不可不求泰西新道德以相补助。虽然，此必俟诸国民教育大兴之后，而断非一朝一夕所能获。而在今日青黄不接之顷，则虽日日闻人说食，而已终不能饱也。况今者无所挟持以为过渡，则国民教育一语，亦不过托诸空言，而实行之日，终不可期。是新道德之输入，因此遂绝望也。然则今日所恃以维持吾社会于一线者何在乎？亦曰吾祖宗遗传固有之旧道德而已。道德与伦理异，道德可以包伦理，伦理不可以尽道德。伦理者，或因于时势而稍变其解释，道德则放诸四海而皆准，俟诸百世而不惑者也。如要君之为有罪，多妻之非不德，此伦理之不宜于今者也。若夫忠之德，爱之德，则通古今中西而为一者也。诸如此类，不可枚举，故谓中国言伦理有缺点则可，谓中国言道德有缺点则不可。而"一切破坏"之论兴，势必将并取旧道德而亦摧弃之。呜呼！作始也简，将毕也巨。见披发于伊川，知百年而为戎。毋曰吾姑言之以快一时云尔！汝之言而无力耶，则多言奚为？汝之言而有力耶，遂将以毒天下。吾愿有言责者，一深长思也！

读者其毋曰："今日救国之不暇，而哓哓然谈性说理，何为也？"诸君而非自认救国之责任也？则四万万人之腐败，固已久矣！而岂争区区少数之诸君？惟中国前途，悬于诸君，故诸君之重视道德，与蔑视道德，乃国之存亡所由系也。今即以破坏事业论，诸君亦知二百年前，英国革命之豪杰为何如人乎？彼克林威尔，实最纯洁之清教徒也。亦知百年前，美国革命之豪杰为何如人乎？彼华盛顿所率者，皆最质直善良之市民也。亦知三十年前，日本革命之豪杰为何如人乎？彼吉田松阴、西乡南洲辈，皆朱学王学之大儒也。故非有大不忍人之心者，不可以言破坏。非有高尚纯洁之性者，不可以言破坏。虽然，若此者，言之甚易，行之实难矣！吾知其难而日孜孜焉！兢业以自持，困勉以自勖。以忠信相见，而责善于友朋，庶几有济。若乃并其所挟持以为破坏之具者，而亦破坏之。吾不能为破坏之前途贺也。

吾见世之论者，以革命热之太盛，乃至神圣洪秀全而英雄张献忠者有焉矣！吾亦知其为有为而发之言也。然此等孽因，可多造乎？造其因时甚痛快，茹其果时，有不胜其苦辛者矣！夫张献忠更不足道矣！即如洪秀全，或以其所标旗帜，有合于民族主义也，而相与颂扬之。究竟洪秀全果为民族主义而动否？虽论者亦不敢为作保证人也。王莽何尝不称伊周，曹丕何尝不法舜禹，亦视其人何如耳！大抵论人者，必于其心术之微。其人而小人也，不能以其与吾宗旨偶同也，而谓之君子。如韩侂胄之主伐金论，我辈所最赞者。然赞其论，不能赞其人也。其人而君子也，不能以其与吾宗旨偶牾也，而竟斥为小人。王猛之辅苻秦，我辈所最鄙者。然鄙其事，不能抹煞其人也。尚论者如略心术而以为无关重轻也。夫亦谁能尼之？但使其言而见重于社会也，吾不知于社会全体之心术，所影响何如耳？不宁惟是而已。夫鼓吹革命，非欲以救国耶？人之欲救国，谁不如我？而国终非以此“瞎闹派”之革命所可得救；非惟不救，而又以速其亡。此不可不平心静气而深察也。论者之意，必又将曰：“非有瞎闹派开其先，则实力派不能收其成。”此论之是否，属于别问题，兹不深辩！今但问论者之意，欲自为瞎闹派，且使听受吾言者，悉为瞎闹派乎？恐君虽欲自贬损，而君之地位，固有所不能也。即使能焉，而举国中能瞎闹之人正多。现在未来瞎闹之举动，亦自不少。而岂待君之入其间而添一蛇足也？而更何待君之从旁劝驾也？况君之言，皆与彼无瞎闹之资格者语，而其有瞎闹之资格者，又非君之笔墨势力范围所能及也。然则吾侪今日，亦务为真救国之事业，且养成可以真救国之人才而已。诚如是也，则吾以为此等利口快心之言，可以已矣！

昔曹操下教，求不仁不孝，而有治国用兵之术者。彼其意，岂不亦曰吾以救一时云尔？而不知流风所播，遂使典午以降，廉耻道丧，五胡迭侵，元魏凭陵。黄帝子孙势力之坠地，即自兹始。此中消息，殆如铜山西崩，洛钟东应。感召之机，铢黍靡忒！呜呼！可不深惧耶！可不深惧耶！其父攫金，其子必将杀人。城中高髻，四方必高一尺。今以一国最少数之先觉，号称为得风气之先者，后进英豪，具尔瞻焉。苟所以为提倡者一误其途，吾恐功之万不足以偿其罪也。古哲不云乎：“两军相对，哀者胜矣！”今日稍有知识、稍有血性之士，对于政府而有一重大敌，对于列强而复有一重大敌，其所以兢兢业业，蓄养势力者宜何如？实力安在？吾以为学识之开通，运动之预备，皆其余事，而惟道德为之师。无道德观念以相处，则两人且不能为群，而更何事之可图也？自起楼而自摧烧之，自莳种而自践踏之，以云能破坏则诚有矣，独惜其所破坏者，终在我而不在敌也。

曾文正者，近日排满家所最唾骂者也，而吾则愈更事而愈崇拜其人，吾以为使曾文正生今日而犹壮年，则中国必由其手而获救矣！彼惟以天性之极纯厚也，故虽行破坏可也；惟以修行之极严谨也，故虽用权变可也。故其言曰："扎硬寨，打死仗。"曰："多条理，少大言。"曰："不为圣贤，便为禽兽；莫问收获，但问耕耘。"彼其事业之成，有所以自养者在也。彼其能率厉群贤以共图事业之成，有所以孚于人且善导人者在也。吾党不欲澄清天下则已，苟有此志，则吾谓《曾文正集》，不可不日三复也。夫以英、美、日本之豪杰证之则如彼，以吾祖国之豪杰证之则如此，认救国之责任者，其可以得师矣。

吾谓破坏家所破坏者，往往在我而不在敌，闻者或不慊焉！盖倡破坏者，自其始断未有立意欲自破坏焉者也。然其势之所趋多若是，此不徒在异党派有然也，即同党派亦然。此其何故欤？窃尝论之，共学之与共事，其道每相反，此有志合群者所不可不兢兢也！当其共学也，境遇同，志趣同，思想同，言论同，耦俱无猜，谓相将携手以易天下。及一旦出而共事，则各人有各人之性质，各人有各人之地位，一到实际交涉，则意见必不能尽同，手段必不能尽同。始而相规，继而相争，继而相怨，终而相仇者，往往然矣。此实中西历史上所常见，而豪杰所不免也。谚亦有之："相见好，同住难！”在家庭父子兄弟夫妇之间，尚且有然！而朋友又其尤甚者也。于斯时也，惟彼此道德之感情深者，可以有责善而无分离。观曾文正与王璞山、李次青二人交涉之历史，可以知其故矣。读者犹疑吾言乎？请悬之以待足下实际任事之日，必有不胜其感慨者！夫今之志士，必非可以个个分离孤立，而能救此濒危之国，明也！其必协同运动，组成一分业精密、团结巩固之机体，庶几有济。吾思之！吾重思之！此机体之所以成立，舍道德之感情，将奚以哉？将奚以哉？

且任事者，最为漓汩人之德性，而破坏之事，又其尤甚者也。当今日人心腐败，达于极点之时，机变之巧，迭出相尝。太行孟门，岂云巉绝？曾文正与其弟书云：“吾自信亦笃实人。只为阅历世途，饱更事变，略参些机权作用，倒把自家学坏了。”以文正之贤，犹且不免，而他更何论也？故在学堂里讲道德尚易，在世途上讲道德最难。若夫持破坏主义者，则更时时有大敌临于其前，一举手，一投足，动须以军略出之。而所谓军略者，又非如两国之交绥云也！在敌则挟其无穷之威力以相临，在我则偷期密约，此迁彼就，非极机巧，势不能不归于劣败之数。故破坏家之地位之性质，尝与道德最不能兼容者也。是以躬亲其役者，在初时或本为一极朴实极光明之人；而因其所处之地位，所习之性质，不知不觉，而渐与之俱化。不一二年，而变为一刻薄寡恩、机械百出之人者有焉矣！此实最可畏之试验场也。然语其究竟，则凡走入刻薄机诈一路者，固又断未有能成一事者也。此非吾摭拾宋元学案上理窟之空谈，实则于事故上，证以所见者所历者，而信其结果之必如是也。夫任事者修养道德之难既若彼，而任事者必须道德之急又若此。然则当兹冲者，可不慄慄耶？可不孳孳耶？诗曰：“毋教猱升木，如涂涂附。”息息自克，犹惧未能挽救于万一；稍一自放，稍一自文，有一落千丈而已。

问者曰：“今日国中种种老朽社会，其道德上之黑暗不可思议。今子之所论，反乃偏责备于新学之青年。新学青年，虽或间有不德，不犹愈于彼等乎？”答之曰：“不然！彼等者无可望无可责者也，且又非吾笔墨之势力范围所能及也。中国已亡于彼等之手，而惟冀新学之青年，致之死而生之。若青年稍不慎，而至与彼等同科焉，则中国遂不可救也。此则吾哓音瘏口之微意也！

《记》曰：“君子有诸己而后求诸人，无诸己而后非诸人。”率斯义也，则以执德不宏，信道不笃，尤悔积躬，忮求成习，如鄙人者，舍自责之外，更何敢腼然与天下之士说道义。虽然，西方之教亦有言：“己先自度，回向度他，是为佛行。未能自度，而先度人，是为菩萨发心。”以吾之自审，道力薄弱，而渴思得良友善言以相夹辅，而为吾药也。则人之欲此，谁不如我？上附攻错辅仁之义，下惟书绅自助之训，吾言虽惭，乌可以已！

窃尝观近今新学界中，其断断然提絜德育论者，未始无人。然效卒不睹者，无他焉，彼所谓德育，盖始终不离乎智育之范围也。夫其獭祭遍于汗牛充栋之宋元、明儒学案，耳食饫乎人主出奴之英法德伦理学史，博则博矣，而于德何与也？若者为理？若者为气？若者为太极无极？若者为已发未发？若者为直觉主义？若者为快乐主义？若者为进化主义？若者为功利主义？若者为自由主义？涉其藩焉，抵其奥焉，辨则辨矣，而于德又何与也？夫吾固非谓此等学说之不必研究也，顾吾学之也，只当视之为一科学，如学理化，学工程，学法律，学生计，以是为增益吾智之一端而已。若曰德育而在是也，则所谓闻人谈食，终不能饱。所谓贫子说金，无有是处。率斯道也以往，岂惟今日，吾恐更阅数十年百年，而效之不可睹如故也。呜呼！泰西之民，其智与德之进步，为正比例；泰东之民，其智与德之进步，为反比例。今日中国之现象，其月晕础润之几既动矣，若是乎，则智育将为德育之蠹。而名德育而实智育者，益且为德育之障也。以智育蠹德育，而天下将病智育，以“智育的德育”障德育，而天下将并病德育。此宁细故耶？有志救世者，于德育之界说，不可不深长思矣！

“为学日益，为道日损。”斯语至矣！今吾侪于日益者，尚或孳孳焉，而于日损者莫或厝意。呜呼！此道之所以日丧也。吾以为学者无求道之心，则亦已耳！苟其有之，则诚无取乎多言。但使择古人一二语之足以针砭我，而夹辅我者，则终身由之不能尽。而安身立命之大原在是矣！黄梨洲曰：“学问之道，以各人自用得着者为真。”又曰“大凡学有宗旨，是其人之得力处，亦是学者之入门处。天下之义理无穷，苟非定以一二字，如何约之使其在我？”此诚示学者以求道不二法门哉！夫既曰各人自用得着，则亦听各人之自为择，而吾宁容哓哓焉？虽然，吾既欲以言责自效于国民，则以吾愿学焉而未能至者，与同志一商榷之，可乎？

一曰正本。吾尝诵子王子之《拔本塞原论》矣，曰：“圣人之学，日远日晦；而功利之习，愈趋愈下。其间虽尝瞽惑于佛老，而佛老之说，卒亦未能有以胜其功利之心；虽又尝折衷于群儒，而群儒之论，终亦未能有以破其功利之见。盖至于今，功利之毒，沦浃于人之心髓，而习以成性也，几千年矣。记诵之广，适以长其敖也；智识之多，适以行其恶也；闻见之博，适以肆其辩也；辞章之富，适以饰其伪也。其称名借号，未尝不曰：‘吾欲以共成天下之务。’而其诚心实意之所在，以为不如是，则无以济其私而满其欲也。以若是之积染，若是之心志，而又讲之以若是之学术，宜其闻吾圣人之教，而以为赘疣枘凿。”（下略）呜呼！何其一字一句，皆凛然若为今日吾辈说法耶！夫功利主义，在今且蔚成大国，昌之为一学说，学者非惟不羞称，且以为名高矣。阳明之学，在当时犹曰赘疣枘凿，其在今日，闻之而不却走不唾弃者几何？虽然，吾今标一鹄于此，同一事也，有所为而为之，与无所为而为之，其外形虽同，而其性质及其结果乃大异。

试以爱国一义论之。爱国者，绝对者也，纯洁者也。若称名借号于爱国，以济其私而满其欲，则诚不如不知爱国，不谈爱国者之为犹愈矣。王子所谓功利与非功利之辨，即在于是。吾辈试于清夜平旦，返观内照，其能免于子王子之所诃与否？此则非他人所能窥也！大抵吾辈当发心伊始，刺激于时局之事变，感受乎时贤之言论。其最初一念之爱国心，无不为绝对的，纯洁的，此尽人所同也。及浸假而或有分之者，浸假而或有夺之者。既已夺之，则谓犹有爱国心之存，不可得矣。而犹贪其名之嫩，而足以炫人也，乃姑假焉！久假不归，则亦乌自知其非有矣！夫其自始固真诚也，而后乃不免于虚伪。然则非性恶也，而学有未至也。亦于所谓拔本塞源者，未尝一下刻苦工夫焉耳。王子又言："杀人须在咽喉处下刀，为学须从心髓入微处用力。"我辈而甘自暴弃也，则亦已耳？苟不尔者，则于心髓入微处，痛下自治力，其真不容已也。顷见某报，有排斥鄙人奋道德之论者，谓："今日只当求爱国忘身之英雄，不当求束身寡过之迂士。既为英雄矣，即稍有缺点，吾辈当恕其小节，而敬其热心。"又曰："欲驱发扬蹈厉、龙拏虎掷之血性男子，而一一循规蹈矩、粹面盎背，以入于奄奄无气之途。吾不知亡国之惨祸，既在目前，安用此等腐败迂阔之人格为也？"吾以为此言又与于自文之甚者也。夫果为不拘小节之英雄，犹可言也，特恐英雄百不得一，而不拘小节者九十九焉。我躬之在此一人之内耶？抑在彼九十九人之内耶？则惟我乃能知之。如曰无须如王子所谓拔本塞原者，而亦可以为英雄也。则不诚无物，吾未见有能成就者也。如曰吾之本原本已纯美，而无所用其拔与塞之功也。则君虽或能之，而非所可望于我辈习染深重、根器浅薄之人，夫安得不于此兢兢也？况吾之所谓旧道德者，又非徒束身寡过、循规蹈矩之云也。以束身寡过、循规蹈矩为道德之极则，此又吾子王子所谓断潢绝港，行焉而不能至者也。苟不以心髓入微处自为课程，则束身寡过之虚伪与爱国忘身之虚伪，循规蹈矩之虚伪与龙拏虎掷之虚伪，正相等耳！何也？以其于本原之地，丝毫无与也。以爱国一义论之既有然，其他之诸德，亦例是而已。

二曰慎独。《拔本塞原论》者，学道之第一着也。苟无此志，苟无此勇，则是自暴自弃，其他更无可复言矣。然志既立，勇既鼓，而吾所受于数千年来社会之薰染，与夫吾未志道以前所自造之结习，犹盘伏于吾脑识中，而时时窃发。非持一简易之法以节制之涵养之，不能保其无中变也。若是者，其惟慎独乎？慎独之义，吾侪自束发受大学中庸，谁不饫闻？顾受用者万不得一，固由志之未立，亦所以讲求者有未莹也。吾又闻诸子王子曰："谨独即是致良知。"《与黄勉之书》。然则王子良知之教，亦慎独尽之矣。学者或问王子："近来工夫稍知头脑，然难寻个稳当处。"子曰："只是致知。"曰："如何致？"子曰："一点良知，是尔自家的准则。尔意念着处，他是便知是，非便知非，更瞒他一些不得。尔只不要欺他，实实落落依着他做去，善便存，恶便去，何等稳当。"此真一针见血之言哉！实则《大学》所谓"诚其意者，毋自欺也"二语，已直捷指点，无余蕴矣。其门下钱绪山引申之曰："识得良知是一个头脑，虽在千百人中，工夫只在一念微处。虽独居冥坐，工夫亦只在一念微处。"故以良知为本体，以慎独为致之之功。此在泰东之姚江，泰西之康德，前后百余年间，桴鼓相应，若合符节。斯所谓东海、西海有圣人，此心同，此理同，而求道之方，片言居要，彻上彻下，真我辈所终身由之而不能尽者也。

顾我辈于此一义，犹往往欲从之而末由者，何也？王子又言："以道之变动不居，纵横颠倒，皆可推之而通。世之儒者，各就其一偏之见，而又文饰之，其为习熟，既足以自信，而条目又足以自安。以是诳己诳人，终身没溺而不悟，非诚有求为圣人之志者，莫能得其受病之源，而发其神奸所攸伏也。”又言：“以某之不肖，盖亦尝陷溺其间者有年。赖天之灵，偶悮良知。乃悔其向之所为者，固包藏祸机，作伪于外，而心劳日拙者也。十余年来，虽痛自洗剔创艾，而病根深痼，萌蘖时生。”夫以子王子之学，高尚纯美，优入圣域，而自叙得力，犹曰：“包藏祸机，作伪于外。”犹曰：“病根深痼，萌蘖时生。”然则我辈之未尝问道，未尝志道，未尝学道者，其神奸之所由伏，宁有底极耶？此《拔本塞原论》，所以必当先有事也。

王子既没，微言渐湮，浙中一派，提挈本体过重。迨于晚明，不胜其敝，而刘蕺山乃复单标慎独，以救王学末流。实则不过以真王学矫伪王学，其拳拳服膺者，始终仍此一义，更无他也。今日学界之受毒，其原因与晚明不同，而猖狂且十倍。其在晚明，满街皆是圣人，而酒色财气不碍菩提路。其在今日，满街皆是志士，而酒色财气之外，更加以阴险反复，奸黠凉薄，而视为英雄所当然。晚明之所以猖狂者，以窃子王子直捷简易之训，以为护符也。今日所以猖狂者，则窃通行之“爱国忘身”“自由平等”诸口头禅，以为护符也。故有耻为君子者，无耻为小人者，明目张胆以作小人。然且天下莫得而非之，且相率以互相崇拜，以为天所赋与我之权，当如是也。夫宁知吾之所哆然自恣者，乃正为攸伏之神奸效死力耳！呜呼！吾人而欲求为人，以立于天地间也，则亦谁能助我？谁能规我？舍息息慎独之外，更何恃哉？更何恃哉？

昔吾常谓景教为泰西德育之原泉，其作用何在？曰：在祈祷。祈祷者，非希福之谓也！晨起而祈焉，昼餐而祈焉，夕寝而祈焉，来复乃合稠众而祈焉。其祈也，则必收视返听，清其心以对越于神明，又必举其本日中所行之事，所发之念，而一一䌷绎之。其在平时，容或厌然，揜其不善而着其善。其在祈祷之顷，则以为全知全能之上帝，无所售其欺也。故正直纯洁之思想，不期而自来。于涵养、省察、克治三者之功，皆最有助力。此则普通之慎独法也。日日如是，则个人之德渐进；人人如是，则社会之德渐进。所谓泰西文明之精神者，在是而已。《诗》曰："上帝临汝，无贰尔心。"又曰："相在尔室，尚不愧于屋漏！"东西之教，宁有异耶？要之千圣万哲之所以度人者，语上语下，虽有差别；顿法渐法，虽有异同。若夫本原之地，一以贯之，舍慎独外，无他法门矣。此宁得曰某也欲为英雄，某也欲为迂士，而趋舍因之异路耶？谚曰："英雄欺人。"欺人之英雄，容或有之，自欺之英雄，则吾未之前闻也。抑王子又曰："去山中贼易，去心中贼难。"吾侪自命志士者，而皆有神奸伏于胸中，而不能自克。则一国之神奸，永伏于国中，而末由相克，其亦宜矣！

三曰谨小。"大德不逾闲，小德可出人。"此固先圣之遗训哉！虽然，以我辈之根器本薄弱，而自治力常不足以自卫也，故常随所薰习以为迁流。小德出人既多，而大德之逾闲，遂将继之矣。所谓"涓涓不塞，将成江河；绵绵不绝，将寻斧柯"也。钱绪山云："学者工夫，不得伶俐直截，只为一虞字作祟。良知是非从违，何尝不明？但不能一时决断。如自虞度曰，此或无害于理否？一或可苟同于俗否？二或可欺人于不知否？三或可因循一时以图迁改否？只此一虞，便是致吝之端。”又曰：“平时一种姑容因循之念，常自以为不足害道。由今观之，一尘可以矇目，一指可以蔽天，良可惧也！”呜呼！此又不啻一字一句，皆为吾徒棒喝也！以鄙人之自验，生平德业所以不进者，皆此四种虞法梗乎其间。盖道心与人心交战之顷，彼人心者，常能自聘请种种之辩护士，设无量巧说以为之辞。昔尝有诗曰：“闻道亦不迟，其奈志不立！优柔既养奸，便佞更纵敌！谓兹小节耳，操之何太急？谓是戒将来，今且月攘一。”此实区区志行薄弱之征验，不敢自讳。而吾党中之与吾同病者，当亦不乏人，斯乃不可不共勉也！曩见曾文正自述戒烟、蚤起、日记三事，其实行之难也如彼，初盖疑焉！及一自试验，然后知戋戋者之果不易也。而吾辈将来道行功业之不能及文正者，即可于此焉卜之。非谓此戋戋者足为道行事业之源泉也。文正自治力之强，过于吾辈，即小可以喻大也。蕺山先生曰：“吾辈习俗既深，平日所为，皆恶也，非过也。学者只有去恶可言，改过工夫，却用不着。”又曰：“为不善，却自恕为无害，不知宇宙尽宽，万物可容，容我一人不得。”又曰：“吾辈偶呈一过，人以为无伤。不知从此过而勘之，先尚有几十层；从此过而究之，后尚有几十层。故过而不已必恶，谓其出有源，其流无穷也。”此等语，真所谓“一棒一条痕，一掴一掌血！”欲觉晨钟，稍有脑筋者读之，皆宜发深省焉矣！

夫使吾之所谓小过者，果独立焉，而无其因果，则区区一节，诚或不足以为病。而无如有前乎此者数十层，有后乎此者数十层，以相与为缘，若是乎则亦何小之非大也！譬诸治国，一偏区之饥寒盗贼，其事甚小也。而推其何以致此之由，则必其政府施政之有失也，社会进步之不调也。极其流弊，一偏区如此，他偏区如此，其祸乱遂将蔓及全国也。譬诸治身，一二日之风寒疥癣，其事甚小也。而推其何以致此之由，则必其气血稍亏之感召也，卫生不协之酿成也。极其流弊，一日如此，他日如此，其痼疾或乃入于膏肓也。今吾辈之以不矜细行自恕者，其用心果何居乎？细行之所以屡屡失检，必其习气之甚深者也，必其自治之脆薄而无力者也，其自恕之一念，即不啻曰："吾身不能居仁由义。"是并康德所谓良心之自由而放弃之也。必合此数原因，然后以不矜细行自安焉，是乌得更以小论也？而况乎以接为构，而日与相移，纯粹之德性，势不能敌旦旦之伐也。孟子曰："能充无欲穿窬之心，而义不可胜用。"以反比例观之，则知充纤毫凉薄之心，可以弑父，充纤毫险黠之心，可以卖国也。所恶者，不在其已发之迹象，而在其所从发之根原也。以不拘小节之英雄自命者，其亦可以思矣。

以上三者，述鄙人所欲自策厉之言也。天下之义理无穷，仅举三义者，遵梨洲之教，以守约为贵也。多述前贤训言者，末学谫陋，所发明不能如前贤也。专述子王子与其门下之言者，所愿学在是。他虽有精论，未尝能受也。抑古之讲学者，必其心得也甚深，而身体力行也甚笃。虽无言焉，已足以式化天下，而言论不过其附庸耳。不知道如鄙人，宁当有言，顾吾固云未能自度而先度人，窃自附于菩萨之发心矣。若问鄙人于此三者，能自得力与否？固踧然无以为对也。愿读者毋曰，彼固不能实行也，而遂吐弃之。苟其言有一二可采者，则虽无似如鄙人，犹勿以人废言，则鄙人以此言贡献于社会之微意也。

至如某报谓鄙人责人无已时，则吾知罪矣！孟子曰：“责善朋友之道。”吾以言论友天下士，自附斯义！毋亦可乎！读者亦毋吝相责，常夹辅我、挟持我，使自愧自厉，而冀一二成就于将来，则所以恩我者，无量也夫！无量也夫！

# 第十九节　论民气

一国中大多数人，对于国家之尊荣及公众之权利，为严重之保障，常凛然有介胄不可犯之色，若是者谓之民气。民气者，国家所以自存之一要素也。虽然，仅以民气而国家遂足以自存乎？曰：必不可。何以故？以民气必有所待而始呈其效力故。

（一）民气必与民力相待。无民力之民气，则必无结果。有侵犯我者，我对之而宣言曰："汝毋许尔尔。"是即所谓气也。夫我之所以能为此宣言者何也，其内容必尚含有未尽之词。若曰："汝果尔尔者，则吾将……""吾将……"云者，是使彼惮我而果不复敢尔尔也。故当吾将发此宣言之先，必预审夫所谓"吾将……"云者，果能实行与否？能实行矣，而遂足以惮彼否？审之既熟，然后乃昂然曰："汝毋许尔尔。"夫如是而我之宣言，非戏言矣。于彼时也，彼则又诇我曰："彼云将……能实行欤？苟实行，斯可惮欤？"彼若认我为能实行而可惮也，则不得不屈于我，而我之目的达矣。彼若认我为不能实行，即实行矣而非可惮，则必将复于我曰："吾固尔尔矣，汝如将……吾亦将……"于是乎吾之所谓“将……”者，遂果不得不实行，既实行，则视吾之所谓“将……”者，能否压伏彼之所谓“将……”而我目的之能达与不能达，从兹解决焉。夫彼之所谓“将……”云者，亦必其示我以甚可惮者也，彼固有所以惮我，而我亦有所以惮彼，是之谓力。我既有所以惮彼，而遂不惮彼之惮我，是之谓气。气者固所以成始而成终也，然非有力则不能始之，不能终之，气实力之补助品耳。使我自始辄贸贸然宣言曰：“汝毋许尔尔。”然彼果尔尔者，我将何以待之？未始计及焉；即计及矣，而其事非我所能实行；即实行矣，而曾不足以损彼之毫末，甚或非徒无损于彼，而且有损于我。若是乎，则我之宣言，必毫无反响，彼之视我，直剧场中一科白耳！即彼或未审于我之内情，以为我之敢为此言，其必有盾乎此言之后者，而因屈而从我，虽然此又未足为喜也，何也？彼今虽不察，而终必有察之之时；及其察之，而我后此同类之宣言，壹归于无效也，其不足喜者一也。我见此无实力之宣言之偶一制胜也，乃自狃焉，谓即此可以制梃挞人矣；乃益怠于实力之预备，此后若更遇同类之侵犯，或加等之侵犯，而我终无待之之道，其不足喜者二也。故夫无民力之民气，其不可滥用也，有如此。问者曰：“然则力不足者，虽牛马奴隶，其受之矣？”曰：“然也。”夫孰使汝无力也，既无力矣，虽欲不受，庸安能也。虽然，受之可也，安之不可也。不安之奈何？则亦归而求所以增其力而已。力之未逮，其必非用气之时也。闻者疑吾言乎？请观日本。

日本之初与我通使也，领事裁判权未收回，我最初之横滨领事范氏，以最敏活之手腕，主张我国民之权利，往往有使日人不能堪者，至今老横滨者，犹举其佚事以为美谈。彼日人岂其乐受也，而忍之若干年。琉球事件交涉中，我北洋舰队游弋长崎，为示威运动，我水兵与彼警察哄，其交涉之结果乃至勒使长崎警察不得带刀，日本耻之，乃自下令全国警察不带刀以解嘲，自甲午战胜后全国警察始复带刀。彼岂其乐受也？而忍之若干年。彼其忍之之时，正其汲汲焉于种种方面预备实力之时也。果也甲午一役，而二十年来对于中国之耻辱，乃尽雪也。又其与俄交涉也，维新之始，以桦太与千岛交换，彼日人岂其乐受也？而忍之若干年。甲午战胜，割我辽壤，三国干涉，夺诸其怀，彼日人岂其乐受也？而忍之若干年。彼其忍之之时，又其汲汲焉于种种方面预备实力之时也。果也甲辰一役，而三十年来对于俄国之耻辱，乃尽雪也。当其忍也，而曰日本无民气可乎？必不可，彼盖有之而不用也，尺蠖之屈，以求伸焉；鸷鸟将击，而伏且累月也。而不然者，请观朝鲜。

彼朝鲜非民气不振之国也，十余年前，即有富于革命思想之东学党，振臂一呼，蔓延全国，推其起因，则政治问题也。以吾居日本七八年间，见其报纸所记朝鲜爆裂弹事件，以二三十计矣，其民之聚于钟路，朝鲜地名。为示威运动以对彼政府者，亦几于无岁无之，其对内之民气如此。即彼之对于日本，因抵制银行券事件，至于全国工商同盟实行，日本人所设之第一银行在朝鲜发行纸币，渐已通行，至明治三十六年春间，朝鲜人见利权外溢之可惧也，乃有一二有志者倡抵制之议，令各行商签名不用彼纸币，举国一致赞成。未几，日本以军舰筑紫示威于仁川，复以数军舰继之，志士之运动遂成绝影。其对外之民气如此。即至最近日韩新协约成立之后，其元老大臣，以身殉之者且踵相接。由此观之，夫宁得曰韩民皆夸毗无骨者流也。而今日之韩，竟何如矣？夫三十年前，日与韩不相远也，即韩之民气，吾亦未见其有舆儓于日之确证也，而结局乃若此。此何以故？则韩人误以其最可贵重之蓄力的时日，而滥费之以为最无谓之竞气的举动。韩人之气，日泄而日瘪；日人之力，日积而日张，而最后之优胜劣败，遂永定矣。吾故曰：民气必待民力而后可用，对内有然，对外亦有然。

（二）民气必与民智相待。无民智之民气，则无价值。气也者，用之以相竞者也，故语及气之一字，其中总含有战争的性质，无论为广义的战争、狭义的战争，其性质固不相远。狭义的战争谓用兵，广义的战争谓其他互相抗敌之行为。以狭义的战争言之：则第一不可无宣战的理由。苟我挟完满之理由以从事战争，则以义战的观念，能使我之敌忾力随自信力而增加，其可以取胜者一。能使敌人以自反不缩之故，馁而不支，其可以取胜者二。能使中立者表同情于我，间接以增我之力而杀敌之力，其可以即胜者三。第二不可无作战的计划。我之力固自信足以与敌战矣，然以此战之故，我之损失当几何？敌之损失当几何？我而不战，其所损失当几何？我而战，其所损失当几何？战之所损失，以除以偿不战所损失，其赢得者几何？不可不一一熟计之。又同一战也，以若何之战术，最足以使敌屈伏，而贯彻我之目的；以若何之战术，而使不至于本战之外，生出他种支障，又不可不一一熟计之。凡兹所举，不独于狭义之战争宜然，即广义之战争亦皆有然。夫命物之名而谓之气，则其性质之非永久的可知，《传》曰：“一鼓作气，再而衰，三而竭。”此最能说明气之情状者也。故气之为物也不可挫，彼气之愈挫而愈盛者，必其有所挟持焉以运乎气之外者也。苟惟气也，则遇一度挫折，而馁于其前，更遇一度之挫折，而益馁于其前，则有后此遇当用气之时，而不复能振者矣。夫以无理由而滥用其气，幸而胜，则例外之事也；若其不胜，则事过境迁，终必有自悟其为无理由之一日。遂自怨自艾，而因以减杀其自信力，而气乃一落千丈强矣。以无计划而误用其气以取挫败者，则减杀其冒险心也，亦正与此同。而何以能审其理由？能善其计划？则非全体人民有水平线以上之常识不能也。民气之为物，往往以盲从者之多数而致盛大，亦往往以盲从者之多数而致挫跌，要之盲从之民，必非能对于外界而有坚牢之团结力，对于外界而有持久之抵抗力者也。吾故曰：民气必待民智而后可用。对内有然，对外亦有然。

（三）民气必与民德相待。无民德之民气，则不惟无利益，而更有祸害。凡多数人相集而图一事，则其中必有多少之权力，权力之大小及其久暂姑勿论。于是有觊觎此权力而加入团体者。又凡一事之成，则其后必有多少之名誉，于是有歆羡此名誉而加入团体者。又凡一事件之起，其事件间接之影响，或可予一种人以特别之利益，于是有取便私图而加入团体者。如革命军之起本非为掳掠也，而会匪绿林乘此势假此名以行掳掠，实为一好机会，故革命军可以间接予会匪绿林以特别之利益也。又如一月前东京学界争所谓取缔问题者，本非为惰学也，而其中有游荡不事学业者，或久客思家者，乘此势假此名，堂堂然自托于志士之林以归国，故取缔问题可以间接予彼辈以特别之利益也。其他凡百事件，莫不有此现象。又凡一事件之起，其事件直接或间接之结果，常可以败一人或一党人之事业，于是有有憾于彼一人或彼一党人，利用倾轧而加入团体者。欧美言政党之得失者，常悬此为厉禁，盖以私人之关系而牵及于公共问题，最不可也。有一于此，则其团体自表面上视之，虽若甚大且坚，实则其内容含有种种不同性质之分子，各向于其特别之目的而进行，无论事之成不成，而皆可以生出恶果。此等败类，无论何种团体，固万难绝无，而民德高尚之国，其数寡；民德污下之国，其数众。若一团体中而此种类之人占多数，则其敝不可思议；即非占全团体之多数，而在团体主动者之中占多数，则其敝亦不可思议。夫此种类之人，必其稍黠而稍悍者也，故众人相集以图一事，而彼辈往往得占主动之地位，势则然也，而其敝遂不可思议。以上所举，皆假公济私，以煽动民气为一手段者也，不可谓之真民气，故勿具论。即属于真民气矣，而犹必须有诸德以纲维之。一曰坚忍之德。凡所抗争之目的，不能一蹴而达，苟无此德，则一哄热狂，若暴风疾雨，不能终朝也。二曰亲善之德。凡团体愈大，则其分子愈杂，虽同向于一大目的，其中小节，总不免意见参差，苟无此德，则团体瞬息分裂也。三曰服从之德。凡团体必有指挥者，有受指挥者，苟无此德，则人人欲为指挥者，不愿为受指挥者，群龙无首，顷刻而溃也。四曰博爱之德。气之方张，必继之以破坏，破坏有时固非得已，然当有其程度，苟无此德，将并其不必破坏不可破坏者而亦破坏之，而全局且不可收拾也。故由前所举之四种，是与道德立于正反对之地位者也，以此等人而利用民气，其为害极深。由后所举之四种，虽非立于正反对之地位，而于应有之道德，多所欠阙者也，以此等人而滥用民气，其为害亦不浅。吾于中国之义和团见之，吾于法国之大革命见之。吾故曰：民气必待民德而后可用。对内有然，对外亦有然。

吾于是研究民气之为物及其应用，得公例曰：

（一）其物为补助的性质，而非绝对独立的性质。故不可以之为唯一之手段。

（二）其物屡用之，则易衰而竭；蓄之愈久，则其膨胀力愈大。故宜偶用而不宜常用。

（三）其物善用之，可以收莫大之良果；误用之，可以收莫大之恶果。故即偶用之亦不可不慎。

（四）其物之发生比较的易。故常未适用时，无取煽动之。

以上四例，其前三项则前文所论，足以证明之而有余，其第四项，今更附一言。谓民气无须激厉，但放任之而可以自由发生者，非笃论也。虽然，与民力、民智、民德三者相比较，则其发生也较易。一，正当之民气，生于自卫心，而自卫心为尽人所同具，一提便醒。二，民气之为物极简单，不须有他种之预备修养而始成立，故临时可以猝办。三，民力、民智、民德三者既进，则其民自能自认其天职，自主张其权利，故民气不期进而自进。以此诸理由，故吾辈无论对内对外，当先审今日为可用民气之时代与否；如其未也，与其泄之，毋宁蓄之。姑于其最难发生最难成立之民力、民智、民德，三致意焉，迨适用之时，以百数十少年号呼焉，以三数报馆鼓吹焉，不一月而举国狂矣。谓余不信，盍观最近东京罢学事件与上海罢市事件也。故当未可用民气之时，而专以煽动民气为事者，是滥费其日力与其才力而已。

问者曰:“然则子认今日为未可用民气之时乎？”曰:“以全局论，无论对外对内，吾皆认为未可用民气之时。以一部分论，则因于其事件之性质如何，吾认为有适用者，有不适用者；即认为适用之事件，其用之也，亦有度量分界。若日日以牛刀割鸡，则亦吾之所不敢苟同。虽然，此非可以一言尽也。”

# 第二十节　论政治能力

今之忧国者，每睊睊而悲哀，哀而号曰："呜呼！中国人无政治思想！"斯固然矣。虽然，吾以为今后之中国，非无思想之为患，而无能力之为患。凡百皆然，而政治尤其重要者也。普通之思想，由言论听受可以得之；实际之思想，由学问讲求可以得之。言论听受者，数月而其效可睹矣；学问讲求者，数年而其效可睹矣。故欲进无思想者为有思想者，其事犹易；欲进无能力者为有能力者，其事实难。

十年前朝鲜之东学党，与三十年前日本之尊攘家，何所异？顾何以日本能改革，而朝鲜不能，则朝鲜人之能力，劣于日本之为之也。十九世纪初，南美诸国之独立，与十八世纪末，北美合众国之独立，何所异？顾何以北美能秩序发达而南美不能，则南美诸国民之能力劣于北美之为之也。路易十六时代法国之革命，与查里第一时代英国之革命，何以异？顾何以英人能得完全立宪政体，而法人不能，则法人之能力劣于英人之为之也。如曰徒恃思想而可以自立也，则古代波斯人之思想力，非有逊于阿剌伯人；中世罗马人之思想力，非有逊于峨特狄人；即印度人之思想力，据心理学家所论，犹谓其足与英人相颉颃，或乃驾英而上之。法儒李般之说。顾何以一兴一亡之数，竟若彼也？如曰徒恃思想力而可以自立也，则欧美大学中，其黑人之受完全教育，获博士学士之学位，成法医理教之专家，与白人同驰骋于学界者，固不乏人，而犹太种族之著书发论裒然成巨子者，尤多于鲫鱼矣，顾何以黑人之建国，终不可期，而犹太一亡之后，竟万劫不复也？故思想不足恃，惟能力为足恃。

我中国自黄帝以来，立国数千年，而至今不能组织一合式有机完全秩序顺理发达之政府者，其故安在？一言以蔽之，亦曰无政治能力而已。或曰："吾国民以久困专制政体之故，虽有政治能力，不能发达。"斯固然矣。虽然，亦有在专制政体不能及之时、不能及之地、不能及之事，而吾民不克自发挥其政治能力如故也，是乃大可痛者也。

何谓专制力所不能及之时？如每朝当鼎革之交，中央政府，权力坠地，群雄并起，若秦末、西汉末、东汉末、唐末、元末、明末之故事。彼时所谓中央政府者，其鞭箠所及，不能出邦畿千里外，民间若稍自树立者，一举而得自由自治之幸福，抑非难也。而拒虎迎狼，莽莽千载也若彼，是其无政治能力之证验一也。

何谓专制力所不能及之地？稽诸我国历史，其各省地方，固非无脱离中央政府别成一行政区域之时代，春秋战国，不必论矣。后此如秦末之南越闽越，汉末之蜀吴，唐末之吴越，福建湖南蜀唐迄宋之西夏，皆于中原极纷乱之际，而屹然能自树立。使其民稍富于自治力者，则别构成一种政体以光我历史，抑非难也。而一丘之貉，又既若此，此犹得曰：“行政区域虽别，然终为豪强所胁迫，不能自拔也。”若夫自明末以来，数百年间，我民自殖于南洋群岛者，以数百万计，至今日即以暹罗一国论，而隶华籍者已百余万，新嘉坡庇能噶罗巴等处称是。若此者，我中央政府视为化外，其权力非直不能及，抑亦不屑加也。顾何以戢戢受羁轭若牛若马？其甚者，如荷兰属法属之侨民，笞畜刲割，曾羊豕之不若也。抑海峡殖民地诸岛，多由我民筚路蓝缕，与天气战，与野兽战，与土蛮战，停辛贮苦，以启其地，顾不能自建设自约束，而必迎西方之强者以镇抚我，则又何也？夫前事不必道矣，其在今日，卧榻已属他人，座间宁容卿辈，吾民不能以政治团体自见于彼地，犹可言也。若夫今日美洲澳洲诸地，吾民散居者亦不下数十万，其地之法律，固自由也，平等也，而吾民又与彼之国民同受治于一法律之下者也，集会言论之自由，一无所禁者也。顾何以英人不满四千之上海，百废具举，纯然为一小政府之形，而华人逾三万之旧金山，竟终岁干戈相寻，不能组成一稍有力之团体也，是其无政治能力之证验二也。

何谓专制力所不能及之事？夫所谓政治的组织者，非必为关于政治上之专名也，其在欧美无论一市、一区、一村、一公司、一学校，凡一切公私之结集，无不为政府之缩影，故欲验一国民政治能力之强弱者，皆当于此焉察之。夫近代自由政体之发源，史家多以归诸中世之意大利市府，俾尼士佛罗棱诸市也。而彼诸市府者，其始皆为经济上结集，而后乃变为政治上结集者也。中国专制之毒虽剧烈，而以中央行政机关不整备之故，其能直接以干涉民间事业者殆稀，若吾民于商务上思结何等之团体，必非政府所悬以为禁也。而数千年来欲求一如西人之有限公司及商业会议所者，何不一觏也？其尤浅而易见者。若教育事业，近数年来所屡下明诏奖励者也，专制力即及他事，而断不至及此事。而试观庚辛以来迄今日，各省教育之发达，竟何似也？虽有一二，而私立学校之成绩，往往视官立者犹不逮焉，而吾民更何颜目以责备政府也。是其无政治能力之证验三也。

吾故曰：今后之中国，非无思想之为患，而无能力之为患。亚里士多德曰："人也者，政治之动物也。"然则人类之必有政治能力，其天性矣，至其何以自有而之无？则不出两途：一曰隐伏而不能发达，二曰发达而旋复摧夷。今试即吾中国人所以致此之原因而析分之。

则其第一事，即由于专制政体也，专制政体为直接以摧锄政治能力之武器，此稍有识者所能知矣。进化学者论生物之公例，谓物体中无论何种官能，苟废置不用之既久，则其本性遂日渐澌灭。如彼意大利洞中之盲鱼，昔本有目，因洞居黑暗，目无所用，故为今形；又如脊椎动物类，昔本有腮，人类亦有之。因空气轻清，腮无所用，故为今形，诸如此者，不可枚举。经百数十代之遗传顺应，其本能之发达毗于一端，而他端遂朘缩以至于尽，此其例通于生理心理，两部分而皆同者也。专制之国，其民无可以用政治能力之余地，苟有用之者，则必将为强者所蹂躏，使之归于劣败之数，而不复得传其种于后者也。以故勾者不得出，萌者不得达，其天赋本能，隐伏不出，积之既久，遂为第二之天性。就使一旦放任之，而其本能之回复，固非可以责效于一朝一夕。譬诸妇女缠足者，缠之既二三十年，虽一旦释之，而不能如常足，明甚也。今有持论谓中国人既无立宪资格，即当以暴动破坏养成之者，是无异集缠足妇人骤赤其足，即驱之以竞走，谓是可以养足力也。以故虽在专制力所不及之时之地之事，而其涣然不能自治也如故，皆此之由。或曰："欧西诸国，前此之呻吟于专制轭下，与我等耳，何以其政治能力之摧残，不若我之甚？"曰："专制同而所以专制之性质不同，彼盖以封建专制贵族专制为主体，而我适与之相反者也。"其详迭见于拙著《中国专制政体进化史论》诸篇。质而言之，则彼乃少数之专制，而我则一人之专制也。少数专制者，即少数人自由，而多数人不自由之意也。夫由少数人之自由，以渐进于多数人之自由，其视全体人民悉无自由而骤欲进于自由者，其难易固有分矣。故泰西之专制，常为政治能力之媒，观英国大宪章与匈牙利金牛宪法之起原可以证此说之不谬矣，他国亦大率类是。而中国之专制，全为政治能力之贼也。此论理甚长精细剖辨俟诸异日。

其第二事，则由于家族制度也。欧美各国统治之客体，以个人为单位（Unit）；中国统治之客体，以家族为单位。故欧美之人民，直接以隶于国；中国之人民，间接以隶于国。先圣曰："国之本在家。"又曰："家齐而后国治。"盖在此种社会之下，诚哉舍家族外无所以为团也。细察中国过去种种制度，无不以族制为之精神。言夫教育，则曰父兄之教不肃，而成子弟之学不劳而能。凡庠序学校，皆以养国老庶老为最重之典，故可谓之族制的教育。言夫赋税，上古井田之制，九家为井，由井而通而成而终，全以家族为纲，不俟言矣。即封建既废以后，如汉有户赋，以充郡国行政费也。唐有调，租庸调三者，租课田，庸课人，调则课户也。唐制户籍法最详，计其赀产定为九等，每户有丁中老小黄等名号。有两税。两税不以丁第户，而以丁从户也。明后虽行一条鞭法，然仍有收户、解户、马户、灶户、陵户园户、海户诸名；故泰西只计口，而中国则户口并计。参观前号中国史上人口之统计篇。诚以户也者，中国构成团体之一要素也。观其统计之小节，而立法之根本观念，于兹可征矣，掌财赋及民事者，谓之户部，亦根于家族思想也。故可谓之族制的财政。言夫刑法，则罪人及孥，甚者乃夷三族，此风直至本朝雍乾间，犹未能改，故可谓之族制的法律。言夫兵役，则封建时代，丘乘与井田相属，无论矣。自战国至李唐，常为三丁抽一之制，宋后行保甲，每十家籍二丁，皆可谓之族制的军政。其余一切制度，大率类是，苟一一细按之，则其立法之源泉，皆有蛛丝马迹之可寻。此不能遍举，他日当著专篇研究之。要之舍家族相维相系之外，有司无以为治也，即其地方自治之制，有若所谓甲首所谓保正所谓里长所谓社长者，皆无不以一族之耆老充之，舍是则自治团体不能立也。故吾常谓中国有族民资格，而无市民资格。参观拙著《新大陆游记》第百八十六页。盖西语所谓市民（Citizen）一名词，吾中国亘古未尝有也。市民与族民，其相异之点安在？市民之长尚贤，其任之也以投票选举；族民之长尚齿，其任之也，以年资洊升。投票选举，则物竞行，而被选者自必立于有责任之地位，年资洊升者反是。夫是以泰西之自治制度，为政治能力之滥觞；中国之自治制度，为政治能力之炀灶也。夫是以在一乡一族间，尚或秩然有团体之形，一至城市，则有机体之发达，永不可见也。

其第三事，则由于生计问题也。孟子曰："民之为道也，有恒产者有恒心，无恒产者无恒心。"岂不然哉！岂不然哉！地理学家言："完备政团之发生，必在温带。"盖热带浴天惠太厚，故其民偷窳，而生计不发达；寒带蒙天行太酷，故其民瘠苦，而生计不发达。生计蹙而欲政治之进，其道无由。盖人道之所以进步，皆起于有所欲望，而汲汲设法贯达之。欲望之种类甚多，恒应于其社会之程度高下为等差，必先急其所最急者，乃及其所次急者，更及其所又次急者。如衣食住，最急者也，无之则一日不能自存也；稍进焉，乃更求间接以保生命财产之安全者，则政治之业是已；益进焉，乃更求其躯壳及灵魂之特别愉快者，则奢侈品物及学问之研究，道德之实行是已。凡生计学书开宗明义第一章必论欲望，谓是为根本的观念也。惟诸家之论欲望，每分为必要之欲望、度外之欲望等类，鄙人窃不谓然。夫贫瘠国民之求一粗粝一蓬荜，其必要者也；富强国民之讲卫生的饮食，修洁的道路，华美的宫室，亦其必要者也。野蛮国民之求一骁勇酋长，以御猛兽御外敌，其必要者也；文明国民之求一完备之政府，稳实之权利，以谋公私之进步，亦其必要者也。然则凡欲望皆生于必要而已，而其必要之事物愈多，则其欲望愈繁，而文明之程度愈高，此民族进化得失之林也。且使于其所最急者，犹终岁勤动不能获焉，而欲民之有余裕以谋其所次急者，所又次急者，此必不可得之数也。故政治道德学术一切之进步，悉与生计之进步成比例，皆此之由。吾中国数千年生计界之历史何如？吾中国今日生计界之现状何如，观于此，则其政治能力缺乏之根原，从可想矣。正乃孟子所谓救死惟恐不赡者也。故其于最狭义的小我之外，不遑念及大我；于最狭义的现在之外，不遑念及将来，亦奚足怪。难者或曰：“若汉之文景间，唐之开元天宝间，本朝之康熙乾隆间，号称家给人足，比户可封，今使两者果为切密之比例也。则彼时之政治能力，宜若发达，而事实顾相反何也？”应之曰：“是宜诇之于遗传之理。”彼自祖若宗百数十代，既已汩没其本能，而欲以数十年之短日月遽还其原，乌可得也？而况乎他种原因之旦旦而伐者，尚不止一端也；而况乎所谓家给人足者，又不过历史上一美谈，而当时实状，正未必尔尔也。故吾国数千年社会之精力，全销磨焉以急其所最急者，欲求达下级直接之欲望而犹不给，而欲其进焉以怀间接高级之欲望，且有术焉以自达之，安可得耶，安可得耶？

其第四事，则由于丧乱频仍也。凡有机体之发达必经自然之顺序，历尔许之岁月，又无他种故障以夭摧之于中途，夫然后继长增高以底大成。吾有一弟，总角早慧，冠绝群从，及八岁，得怪病，乡居误于庸医，经年病瘥，而灵明若失，今谋补救，后效茫茫。吾观于此，而忽有感于吾民族政治能力之丧失，亦类是焉矣。夫其伏于专制之羁轭，困于家族之范围，役于生计之奴隶，盖本能之斲丧者，既已十六七矣，而犹或潜滋暗长，萌蘖非无，无如更数十年，必经一次丧乱，辄取其前此所积累之根柢而一扫之。法王路易十四言：“朕死之后，有大洪水来。”而中国历史家亦往往知陶唐经洪水时代，将黄帝传来之文明消失大半，曾亦思秦汉以来数千年间，我先民遭洪水厄者，不啻十余度也。唐人诗曰："经乱衰翁居破村，村中何事不伤魂，因供寨木无桑柘，为着乡兵绝子孙。"又曰："君不闻汉家山东二百州，千村万落生荆杞。"此等单语片词，曾未能写其惨状亿万之一！然文明与丧乱俱尽，可概见矣。今之尤国民者，动曰其性卑屈，其心狡诈，其欲望劣下，其团体涣离，曾亦思民之生彼时代处彼境遇者，非卑屈狡诈，何以自全，而"我躬不阅，遑恤我后"之思想既深入于人人脑识中，复更何心以爱同类而计将来也。泰西史家言法兰西当大革命时代，全国所产婴儿，率多癫痫，盖社会之现象，遗传于其群之心理中者，如是其可畏也。吾国当丧乱之际，惟彼卑屈狡诈劣下涣离者流，差得避天行淘汰之酷，以遗其种于来祀。夫前辈之国民，既已死绝矣，后辈之国民，自其在胎中，已饱受恐怖忧郁之教育，及其幼而处家庭，长而入社会，所习见习闻之嘉言懿行，则若何而可以全躯免祸也，若何而可以希宠取容也。就使天下复定之后，上而君相，下而师儒，竭全力以养其廉耻，陶其性情，而本能之回复，犹且待诸一二世以后也。乃霸者复阳植之而阴锄之，使永无发生之期，未及一二世，而前度之丧乱，复缫演再见矣。丧乱之缫演多一次，则毒害之遗传加一层，如之何其政治能力不澌灭以尽也！呜呼！非一朝一夕之故，所从来远矣。

吾既以思想能力两者相比较，谓能力与思想不相应，为中国前途最可忧危之事，然则今日谈救国者，宜莫如养成国民能力之为急矣。虽然，国民者其所养之客体也，而必更有其能养之主体。苟不尔者，漫言曰养之养之，其道无由。主体何在？不在强有力之当道，不在大多数之小民，而在既有思想之中等社会，此举国所同认，无待词费也。国民所以无能力，则由中等社会之无能力，实有以致之。故本论所研究之范围，不曰吾辈当从何途始可推能力以度诸人也，曰吾辈当从何途始可积能力以有诸己而已。非有所歆于能力以自私，实则吾辈苟有能力者，则国民有能力；国民苟有能力者，则国家有能力。以此因缘，故养政治能力，必自我辈始，请陈数义，相策督焉。

一曰分业不迁。文明程度之高下，与分业之精粗成比例，此生计学之通义，而社会上一切现象，举莫能外者也。西人恒言曰："成功之要素有三：一天才，二机缘，三历练。"夫天才不能事事而优也，有所长斯有所短；机缘不能事事而应也，有所适斯有所障；历练不能事事而遍也，有所习斯有所疏。故善任事者，必自审其性之所近，地位之所宜，择其一焉。日日而肄之，然后庶底于成。今日之中国，其无志国事者，视一切皆如秦越人之肥瘠，斯不必论矣。若乃有志者，见夫大局如此其危急也，应举之事如此其繁多也，而声气相应之人又如此其寥落也，乃抱雄心、厉苦节，欲取一切而悉荷诸区区最少数人之双肩。试观数年以来，倡政治改革之人，非即倡教育改革之人乎？倡教育改革之人，非即倡实业改革之人乎？倡实业改革之人，非即倡社会改革之人乎？以实业论，则争路权者此辈人，争矿权者亦此辈人，提倡其他工商业者亦此辈人也。以教育论，则组织学校者此辈人，编教科书者此辈人，任教授者亦此辈人也。以政治论，则言革命者此辈人，言暗杀者此辈人，言地方自治者亦此辈人也。其他百端，大率类是。夫此诸事者，谓其一当办，而其他可无办焉，不得也。谓其一当急办，而其他可缓办焉，不得也。于是志士热心之极点，恨不得取百事而一时悉举之，恨不得取百事而一身悉任之，其遇可怜，其志可敬。虽然，谓其能力得缘此而获进步，非吾所敢言也。若此者，美其名则曰总揽大纲，曰纤悉周备，若语其实际，其浅尝而已，浮慕而已。

孟子曰：“人有不为也，然后可以有为。”夫所谓不为云者，非必其不可为者也。可为之事千万，则为之之人亦宜千万，以一人而欲为千万人之所可为，未见其能有功也。夫志士之欲有所为也，无论其事或大或小，或遍或局，要之与政府所持主义，含反对之性质者也。政府反对，则不可不结国民之同情以为后援，然国民又大率可与乐成，难与虑始，自其初不肯遽表同情于地位脆弱之志士，势使然也。故夫任事者，语于本原之地，不可有成败之见存，固也。然发端伊始，与其徇心之所安而不恤败，毋宁因势之所导而必求成。昔人有言：“带乡兵者，可以胜不可以败。”今之任事，盖有类于是矣。事之范围虽小，苟有一二明效大验，则可以起社会一般之信用，他日任他事，而阻力消其半矣，他人任他事，而阻力亦消其半矣。如是相引递进，夫乃同情众而能力强。即如近日粤汉铁路案，发起之者在民间势力绵薄之数人，渐以动全国之有力者。此为国民号召政府与外人争权利之嚆矢。使此事而能始终之，则政府知民力之不可侮，他事且将引为后援，而吾民亦自信其力之果足以动政府，足以拒外人也。此后有他事，附和自众，而能力日成。若此事失败国人共见，夫争之累岁而结果仅如是也，此后有他事，馁而已。故带乡兵者，取小不取大，攻瑕不攻坚，今欲用脆弱之民力，萌茁之民气，以与千年积威之政府宣战者，舍此奚以哉？信如是也。则用志不纷，乃凝于神，不倡一事则已，苟其倡之，则必有若干人焉，萃其聪明才力以专向于此一事，虽更有他事出焉，其重大过此数倍者，宁割弃之勿过问，何也？非此而此一事必不能就也。

曾文正之治军也，扎硬寨，打死仗，节节进取，得寸进寸。日军之围俄于旅顺也，以全力陷一垒，乃次及他垒。今日吾党之大患，在垒垒而撼之，欲百垒一时俱下，而终至于无一垒之能下也，其能力所以难进步者一也。今之志士有二蔽，甲曰："事多，办不了，奈何？"乙曰："欲办事，无事可办，奈何？"其论若甚相反，而受病乃同一源，人人自谓华拿，家家自况卢孟。实则我所欲办之事，时或与我之地位不相应，故曰办不了；事与地位不相应，而于他无所屑焉，不复择其相应者以自任，故曰无事可办。任举一事，皆能言其概，若其层累曲折，批郤导窾，则未或习焉，未或究焉，故既曰办不了，亦曰无事可办。夫一国之中，不能人人而华拿而卢孟，无待言也。且使一国之中，而果人人华拿，人人卢孟，则其国尚可以成国乎？吾有以知其必不能矣。尝数日本之人物，不必西乡、木户、大久保、伊藤、大隈、福泽，乃见重于其社会也。若前岛密，所知者邮便耳；若涩泽荣一，所知者银行会社耳；若井上胜，所知者铁道耳；若大浦兼武，所知者警察耳；若伊泽修二，所知者音乐耳；若落合直文，所知者国文耳；若石黑忠德，所知者赤十字社耳；若市川团十郎，所知者演剧耳。试问彼诸人者，其功德之在日本，视西乡辈又何多让也？乃我国今日之志士，一若非言政治问题，不足云爱国；非投军人社会，不足称伟人。既乃不可借手，则曰社会不我庸也，而因以自放。若此者比比然也，其能力所以难进步者又一也。

要而论之，立国之要素多端，缺一焉则国家无以自存，如人体然，分子弱斯全体弱，分子强斯全体强。官肢脏腑血脉，各自荣养，各自发达，而健全之卫生乃可期。今者中国之人格，譬诸犹初搏土也。我辈居其中为重要之一分子者，不务充其官能之所职以自效，而日冀全体之助长，其安能致哉？其安能致哉？吾所谓以分业为能力之大原者此也。

二曰互相协助。协助有积极消极两义，积极的协助，以相扶掖为用；消极的协助，以不相妨碍为界。明乎此义，则虽盈天下皆吾友焉可也。耗矣哀哉！吾国人之以排挤轧轹为天性也。昔在晚明，所谓士君子者，先意气而后国家，讧哄未已而敌骑渡河，读史者至今茹痛焉。还观夫今日之志士，抑何其复相类也，他勿具论，即如政治问题，所谓立宪革命两主义之交哄，吾壹不知其恶感情之何自而生也？其伪托口头禅以自营北私者微论矣，即其根于血性，真慇慇焉尽瘁于此两主义者，其相仇之迹，且日接而日厉也。推其相仇之故，殆有两因：其一则谓彼主义成功，而我主义将归消灭也。其二则谓彼主义光大，而我主义不能进行也。

吾以为由前之说诚哉然也。中国他日而亡国则已耳，苟不亡者，则结局于此两主义必取一焉，而其他之一，亦必归劣败之数，此所谓消灭者也。虽然，若因此而相仇也，则试问持一主义者，为欲保存我国耶？抑欲保存我主义耶？如欲保存我主义者，苟其主义不适于国而不足以救国之亡，则国亡而主义亦安丽也。如欲保存我国者，则此国当由何主义以获救，今方属未定之问题，我而自信甲主义可以救此国也，我从而亹亹焉，固不必轻弃以徇人；彼而自信乙主义可以救此国也，彼从而亹亹焉，又何必其轻弃以徇我。若夫机会之既熟，适不适之形成，我与彼必有一焉劣而败者，固也，而我与彼又必有一焉优而胜者。但使有一优胜，则吾国既已缘此而获存，国存，则我主义虽或消灭，而于吾保国之目的，不已达乎！乃必于始焉而相仇何为者？

由后之说，其意盖谓苟吾主义而诚不适，则消灭固无所憾，顾吾今者实信吾主义之最适，而无他主义焉可以媲也，而吾主义之所以不发达则由有他主义焉，持异论于其间，以淆天下之视听也。吾爱吾国，故不得不爱吾主义，其有不利于吾主义者，吾得行吾主义之自卫权以敌视之，此其说似也。虽然，惜其于利不利之界说，有所未莹也。天下事固有极相反而适相成者，若君主专制与共和革命，两极端也。而共和革命，每成就于君主专制极点之时，专制者种种积威，种种阴谋，皆不啻为革命者作预备之资料，此泰西史上所习闻也，而况乎立宪革命之争，乃与此异。立宪革命本不能为对待之名词，立宪者虽君统依然，已不得不谓之革命；革命者虽绝君统，然结局亦不过求立宪。故以对举，实论理学所不许也。今云云者，从普通称谓耳。其事本非相反，其效乃真相成，我而诚欲革命也，当思英国一六四六年何以能革命，非藉伦敦之国会军乎？美国一七七五年何以能革命，非藉费城之十三州同盟会乎？法国一七九一年何以能革命，非藉巴黎之国民议会乎？夫使所立之宪而能副国民之愿望也，则吾复何求，吾之革命主义，直抛弃焉可耳！或持极端之排满主义，谓今之皇室，虽使其宪政之完备能如英如日，然以民族之恶感情终不认之，宁以无秩序之汉而亡，不以有能力之满而存。此自是意气之言，真爱国真革命者必所不取。

使其不能也，则经此一度之立宪，而民间之表同情于革命者，将益如传染病，弥漫而不可制，可断言也，何也？向上之心，人性所同，譬诸处暗室者，终身未睹天日，谓世界除黑暗外，更无他物，则亦安焉，旁观者语以光华纠缦之象，虽舌敝不能生其歆也。一旦穿壁为辟户牖焉，间日为导出游焉，则光明线日萦其脑识，复囚梏之，安能受也？故朝廷一纸伪改革之诏书，以视民党数十万言之著书，数十百次之演说，其效力往往过之，他勿具论。即今日持最极端之革命论者，试抚心自问，吾数年前之思想何如，今日何以能有此？则辛丑回銮以后，所谓变科举、开学堂、奖游学，诸伪改革事业，其间接以助我发达者，岂浅鲜也。比例以推，知立宪主义进一步，则革命主义必进一步，我而真信革命论之可以救国也，则正宜日夕祷祀，蕲立宪论之发达，以为我助力，而其不得不相仇之理由，果何在也？

我而诚欲立宪也，当思日本之宪法，非以革命论极盛时始成立乎？意大利之宪法，非以革命论极盛时始成立乎？其他诸有宪法之国，岂有一焉不收功于革命前革命后者。故夫宪法者，上下交让之结果也。交让必先以交争，譬诸两交战国，其究必出于和，顾未有不能战而能和者，不战之和，屈服而已，即战后之和，其两造从和约上所得之利益，又必视其战斗力之强弱以为冲。宪法如和约然，民间对于政府而欲申其愿望者，必其战斗力可以使政府屈服者也。战斗力能使人屈服者，则战可也，无战亦可也。今文明国家不惮战，而莫不修战备。革命者战备也，轻言革命，譬犹黩武，黩武非计也。以主立宪故而仇革命，譬犹弛兵，弛兵尤非计也。抑曾思数年来政府所以屡有伪改革之举者，其动机果何自乎？岂不以民碞可畏，姑为一二以塞其望也。惜也人民之战斗力，曾不足以生政府之严惮也，苟能之，则如十年前俄人之迫还辽东，不战而屈日本焉可也。比例以推，知革命主义进一步，则立宪主义必进一步，我而真信立宪论之可以救国也，则正宜日夕祷祀，蕲革命论之发达，以为我助力，而其不得不相仇之理由，果又何在也？

吾之为此言，非谓欲使言立宪者舍己之所信以从革命，或使言革命者舍己之所信以从立宪也，更非为模棱之言，与彼两主义作调人也。吾见夫天地甚大，前途甚宽，实有容此两主义并行不悖之余地，各发表其所研究，各预备其所实行，不相菲薄不相师，而岂必为冷嘲热骂以快意，为阴谋倾轧以求胜也。

彼诸文明国之有政党也，各持主义，莫肯相下，顾未有妒他党之与己并立而汲汲摧灭之者。不宁惟是，平居抗争，寸黍不让，一旦有敌国外患，则相与提携，而党界悉置度外矣，何也？内竞者其对外之力必不能强，使无公敌临于其前，则内其党而外他党焉可也。苟有公敌，而甲乙两党犹自相外，则敌之利耳，而甲乙究皆何利焉？今日之中国，宜合全国上下以对列强者也，藉曰未能，则亦宜合全国民以对政府，立宪革命两者，其所遵之手段虽异，要其反对于现政府则一而已。政府方以千钧之力相临，而所谓立宪者革命者，皆如方抽之萌孽，势之强弱，与彼公敌固相万也。庄生不云乎，鱼处于陆，相呴以湿，相濡以沫。旦旦而呴焉，昔昔而濡焉，犹惧不蔇，而乃互以摧残狼藉为事，相胜岂不甚易，独敌我者则晏然以卧，窃窃焉以笑耳。吾实见夫数年来民党能力之所以不进，其被压抑于政府者不过十之一，其被摧夷于异党者乃十之九也，是真可为长恸者也。一言蔽之，则亦未明消极的协助之义而已。